基礎からわかる
数学

③

はじめての
確率・統計

小林道正［著］

朝倉書店

まえがき

「確率」と「統計」は現代社会で，いまや必須の基礎的教養といえます．テレビの視聴率や内閣支持率と並んで，地震の発生確率や原発事故の確率も新しい課題です．しかし，高校でも大学でもあまりきちんと学習した人は多くはないようです．

本書は，基本事項として知っておいてほしい確率と統計の内容を，文科系の人でもわかるように解説したものです．長年の経済学部学生に対する授業の経験を生かして，あまり数式を使わないで基本概念を理解する事に重点を置きました．また，表やグラフもたくさん取り入れて，わかりやすくなるように努めました．

文科系の学生が大学で学ぶ際のテキストとしても使えるように工夫しました．1回の講義で1章がおよその目安です．例題や演習問題も設けていますので，ぜひ活用してください．

また，新学習指導要領によって，中学校や高等学校でも新しい確率・統計の内容が入ってきています．これから確率・統計を教えなければいけないが，大学で確率統計を履修しなかった，という皆さんの役にも立つことでしょう．基礎知識として学習する目安になることも期待しています．

確率と統計を学ぶには，実際の確率実験と，統計データを扱いながら学ぶのが大事です．本書を手にとった皆さんが，現実の現象と向かい合いながら，楽しく学ばれることを期待しています．

2012 年 10 月

小 林 道 正

目 次

第 I 部　確率編

第 1 章　順列と組合せ　　1
1.1　場合の数の和と積の法則 …………………………………… 1
1.2　順列の場合の数 ……………………………………………… 3
1.3　組合せの場合の数 …………………………………………… 6
1.4　重複順列，重複組合せ ……………………………………… 8
1.5　円　順　列 …………………………………………………… 11

第 2 章　確率の基礎概念　　13
2.1　確率概念の発生 ……………………………………………… 13
2.2　必然的な現象と偶然現象 …………………………………… 13
2.3　サイコロの歴史 ……………………………………………… 14
2.4　確率の歴史 …………………………………………………… 15
2.5　確率論をまとめたラプラス ………………………………… 16

第 3 章　確率と相対頻度の安定性　　19
3.1　偶然現象と大数の弱法則 …………………………………… 19
3.2　偶然現象と大数の強法則 …………………………………… 21
3.3　弱法則と強法則の関係 ……………………………………… 23

第 4 章　確率の基本法則　　25
4.1　確率の意味の転化 …………………………………………… 25
4.2　確率論の道具立て …………………………………………… 26
4.3　確率空間の例 ………………………………………………… 27
4.4　確率の和の法則の拡張 ……………………………………… 27

第 5 章　条件付き確率と乗法定理　　31
5.1　1 回目と 2 回目の条件付き確率 …………………………… 31
5.2　乗　法　定　理 ……………………………………………… 32
5.3　情報が与えられた場合の条件付き確率 …………………… 33
5.4　条件付き確率の一般的定義 ………………………………… 33

5.5 試行の独立・事象の独立と乗法定理 33

第6章 ベイズの定理　37
6.1 事後確率を事前確率から計算する 37
6.2 ベイズの定理 38
6.3 ベイズの定理の応用例 39

第7章 二項分布　41
7.1 「10回硬貨投げ」を多数回試行する実験 41
7.2 一般の二項分布 44

第8章 おもしろい確率の問題　46
8.1 硬貨を2枚投げるとき 46
8.2 下手な鉄砲も数打てば当たる 46
8.3 誕生日が同じ人がいる確率 47
8.4 もう一人は男か女か 47
8.5 モンティ・ホールの問題 48

第9章 確率変数とその分布，期待値　51
9.1 確 率 変 数 51
9.2 確率変数の期待値・平均値 52

第10章 確率変数の和の期待値と分散，標準偏差　54
10.1 確率変数の和の期待値 54
10.2 確率変数の独立と積 55
10.3 確率変数の分散・標準偏差 56

第11章 二項分布の期待値と標準偏差　61
11.1 二項分布の期待値 61
11.2 二項分布の分散と標準偏差 61

第12章 ポアソン分布　63
12.1 二項分布からポアソン分布へ 63
12.2 ポアソン分布の具体例 64

第13章 正規分布　66
13.1 測定の誤差の分布 66
13.2 正 規 分 布 67
13.3 正規分布の平均と分散・標準偏差 68
13.4 標準正規分布への変換 69

13.5	標準正規分布表	70
13.6	一般の正規分布の確率計算	72

第14章　大数の法則　　75
14.1	二項分布の相対頻度	75
14.2	大数の弱法則	75
14.3	大数の強法則	76

第15章　中心極限定理　　79
| 15.1 | 二項分布から正規分布へ | 79 |
| 15.2 | 一般の中心極限定理 | 80 |

第II部　統計編

第16章　データの分析 (1) ヒストグラムと平均値・最頻値　　83
16.1	度数分布表と累積度数分布表	83
16.2	平均値	85
16.3	度数分布表から求める平均値	86
16.4	最頻値	87

第17章　データの分析 (2) パーセンタイル，四分位数，箱ひげ図　　91
17.1	パーセンタイル	91
17.2	パーセンタイルと中央値	92
17.3	分散と標準偏差	94

第18章　標本分布，標本平均の分布　　97
| 18.1 | 標本平均の分布 | 97 |

第19章　標本分散の分布，不偏分散，不偏標準偏差　　100
| 19.1 | 標本の分散 | 100 |
| 19.2 | 不偏分散 | 101 |

第20章　統計的推定 (点推定と区間推定)　　103
| 20.1 | 点推定 | 103 |
| 20.2 | 区間推定 | 103 |

第21章　t 分布による平均値の区間推定　　107
| 21.1 | t 分布 | 107 |
| 21.2 | t 分布表 | 108 |

21.3　t 分布を用いた区間推定 108

第 22 章　統計的検定　112

22.1　検定の考え方 112
22.2　母集団の平均値の検定 (分散既知) 113
22.3　母集団の平均値の検定 (分散未知の t 検定) 114

第 23 章　比率の推定と検定　117

23.1　母集団の比率の推定 117
23.2　母集団の比率の検定 119

第 24 章　相関図 (散布図) と相関係数　122

24.1　相　関　図 122
24.2　相　関　係　数 123

第 25 章　回帰分析と回帰直線　128

25.1　線　形　回　帰 128
25.2　回　帰　直　線 129

索　引　133

第 I 部　確率編

第 1 章　順列と組合せ

1.1　場合の数の和と積の法則

場合の数の和の法則

「場合の数」とは，ある事柄をを成就するのに選択できる方法が何通りあるかという個数のことである．通常はいくつかの法則を組み合わせて答えが求められる．

東京駅から新宿駅に行く電車の路線が，JR 線で 3 通りあり，私鉄で 4 通りあるとしよう．JR 線と私鉄を合わせて全部で何通りの行き方があるだろうか？　というときの計算方法は，3 通り + 4 通り = 7 通り とするだろう．これが，場合の数の和の法則である．

この法則は，JR 線と私鉄が完全に分かれていて，どちらに数えてもいいような路線がないから単純に足し算すればいいのである．

一般には，「2 つの場合に共通部分がなく互いに独立している場合，和の法則が成り立つ」とまとめられる．やさしい話ではあるが，いろいろな要素が入り込んできて複雑になってくると，本来単純な和の法則も見えにくくなってくることがある．

場合の数の積の法則

東京から新宿への電車の路線が 7 通りあることがわかった．今度は，新宿から八王子へ行く路線について調べてみたら 5 通りの電車のルートがあることがわかった．東京から八王子へ行くのには何通りの生き方があるだろうか？

この問題の前提として，新宿で乗り換える面倒さは度外視する．また，東京から新宿までどの路線で来たかは，新宿から八王子へ行く路線には一切無関係とする．

この問題をわかりやすくするには紙の上で絵を描いて路線を線で描いてみればいいだろう．東京から新宿へ行く路線に名前を付けて，a, b, c, d, e, f, g と置いてみよう．同じように，新宿から八王子へ行く路線にも，い，ろ，は，に，ほ，と 5 通りの名前を付けよう．

東京から八王子へ行く路線は，東京から新宿の路線 a に対して，$(a,$い$), (a,$ろ$), (a,$は$), (a,$に$), (a,$ほ$)$ の 5 通りがある．東京から新宿の路線 b に対しても，$(b,$い$), (b,$ろ$), (b,$は$), (b,$に$), (b,$ほ$)$ の 5 通りがある．同様に，東京から新宿の路線 c, d, e, f, g に対しても 5 通りずつある．

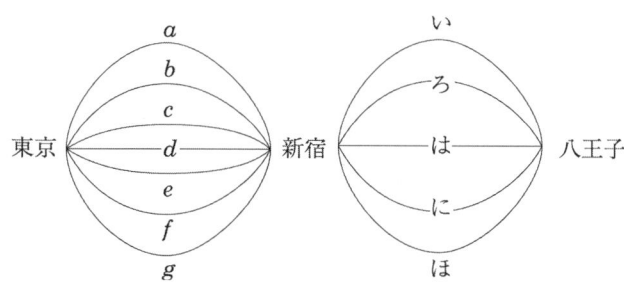

図 1.1

したがって，これらを合計すると，$7 \times 5 = 35$ 通りもの行き方があることがわかる．

かけ算というのは，
$$(1 \text{当たり量}) \times (\text{いくつ分}) = (\text{全体量}) \qquad (1.1)$$

あるいは，順序を入れ換えて
$$(\text{いくつ分}) \times (1 \text{当たり量}) = (\text{全体量}) \qquad (1.2)$$

である．

ここでは，後者の意味で，東京から新宿への 1 つの路線に対し，新宿から八王子の 5 つの路線があり，それが 7 つ分あることから，

$$(\text{いくつ分}\,(7\text{つ分})) \times (1\text{当たり量}\,(5\text{つの路線})) = (\text{全体量}\,(35\text{通り})) \qquad (1.3)$$

となっているので，かけ算で求められるのである．

これが，**場合の数の積の法則**である．

積の法則は 2 つの場合の設定が独立して起き，前半の場合の数の 1 つ 1 つに対し，それとは無関係に後半の場合が対応する場合というような設定において起きる場合の数の計算である．

[例題 1]

高橋さんは家から学校へ行くのに，必ず川を横切って渡る必要があり，2 つある橋 A，B のどちらかを通らなければならない．A 橋を通るルートが 2 通りあり，B 橋を通るルートが 3 通りある．家から学校まで行くのに，何通りの行き方があるか？

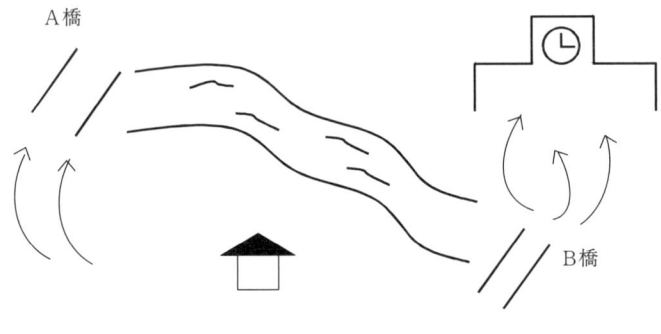

図 1.2

[解] A 橋を通るルートと，B 橋を通るルートは独立していて，両方に共通するルートはないので，「和の法則」が適用できる．2 通り＋3 通り＝5 通りとなる．

[例題 2]

ある山に登るのに，登山口から途中の山小屋までの行き方が 4 通りある．山小屋から頂上までは 3 通りの行き方がある．このとき，登山口から頂上までは何通りの行き方があるか？

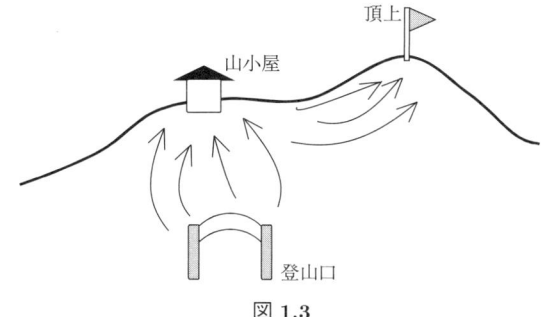

図 1.3

[解] 山小屋までの 4 通りの一つ一つのルートに対し，山小屋から頂上まで 3 通りの行き方があるので，積の法則が使える．$4 \times 3 = 12$ より，12 通りの行き方がある．

[例題 3]

佐藤さんは，アパートから大学へ行くのに，2 つのコンビニ A, B のどちらかへ寄らなければならない．アパートからコンビニの A へ行くルートが 3 通り，コンビニの B へ行く行き方が 2 通りある．また，コンビニ A から大学へは 4 通りのルートがあり，コンビニ B から大学へは 5 通りの行き方がある．アパートから大学へ行くのに何通りの行き方があるか？

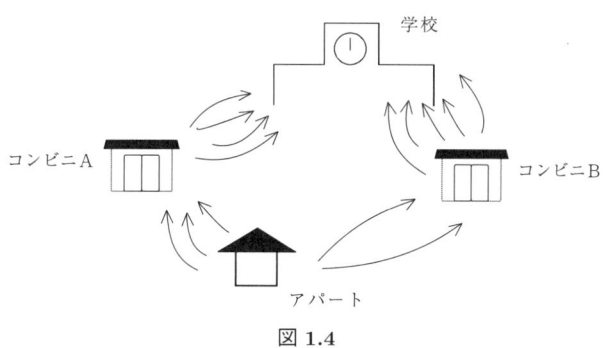

図 1.4

[解] 2 つのどちらかのコンビニによらなければならないので，A へ寄るルートと，B へ寄るルートを足せばよい．

A へ寄るルートは，アパートから A への行き方 3 通りと，A から大学への 4 通りをかけて，$3 \times 4 = 12$ 通りある．

B へ寄るルートは，アパートから B への行き方 2 通りと，B から大学への 5 通りをかけて，$2 \times 5 = 10$ 通りある．

両者を足して，12 通り + 10 通り = 22 通りとなる．

1.2 順列の場合の数

5 つの数字 1, 2, 3, 4, 5 を書いたカードがあり，ここから 3 枚のカードを取って並べ，3 桁の数を作る．何通りの数ができるだろうか？

はじめに，百の位に選び出す数のカードは 5 通りある．その一つ一つに対して，十の位に選び出す数は 4 通りとなる．最後に一の位に選び出す数は 3 通りとなる．これらが独立しているので積の法則が使え次のように計算できる．

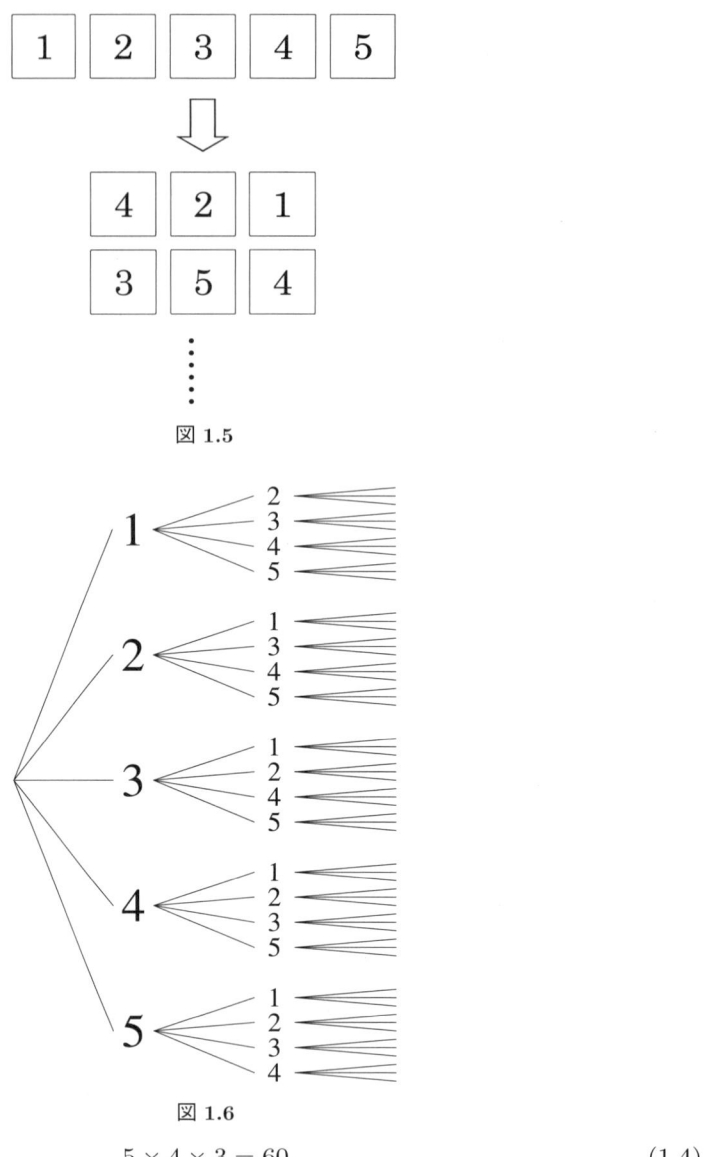

図 1.5

図 1.6

$$5 \times 4 \times 3 = 60 \tag{1.4}$$

この計算の仕組みを理解するには上のような樹形図と呼ばれる図を描くとよい．

はじめの線の出発点は特に意味はないが，「さあ，百の位の数をこれから選び出そう」という気持ちを表している．最後の数字は自分で記入してほしい．

このように，5 つの異なる物から順番に取り出して並べる方法の数を，**順列の個数**といい，例のように 5 つから 3 つを選んで並べる場合，記号 P を用いて次のように表す．

$$_5\mathrm{P}_3 = 5 \times 4 \times 3 \tag{1.5}$$

P は，英語の順列　Permutation から来ている．

一般に，n 個の異なる物を r 個並べる順列の個数は次のように表せる．

$$_n\mathrm{P}_r = n \times (n-1) \times (n-2) \times \cdots \times (n-r+1) \tag{1.6}$$

[例題 4]
a, b, c, d, e, f の 6 文字から 4 文字を選んで一列に並べる方法は，何通りあるか？
[解]
$$_6\mathrm{P}_4 = 6 \times 5 \times 4 \times 3 = 360 \tag{1.7}$$

[例題 5]
0, 1, 2, 3, 4, 5 の 6 つの数から 3 つの数を選んで 3 桁の数を作る．何通りの数ができるか．もちろん百の位には 0 は来ない．

[解 1] 百の位に来る数は，0 を除いた 5 通りである．その一つ一つに対して十の位に来る数字は 0 を含めて 5 通りある．最後に一の位に来る場合は 4 通りであるから積の法則により次のように求められる．
$$5 \times 5 \times 4 = 100 \tag{1.8}$$

[解 2] 0 を含めて 6 個の数字から 3 個を選んで並べる方法は順列の公式が使え，$_6\mathrm{P}_3 = 6 \times 5 \times 4 = 120$ である．

そこから，0 が百の位に来ている場合を引けばよい．これは，残りの数字 5 個から 2 個を選んで並べる方法の数であるから再び順列の公式が使えて，$_5\mathrm{P}_2 = 5 \times 4 = 20$ 通りである．引き算して，$120 - 20 = 100$ 通りとなる．

n 個の物を並び替える方法　　$_n\mathrm{P}_n = n!$

百人一首の中にある，柿本人麻呂の詠んだ歌に次のような歌がある．
　　あしびきの山鳥の尾のしだり尾のながながし夜を一人かも寝む

この歌の中にある，「あしびきの」の「あ」「し」「び」「き」「の」の 5 つの文字を並び替えたら，何通りの並び方があるだろうか？

はじめに「あ」が来る並び方を列挙してみよう．

　　　あ―し―び―き―の　　あ―し―の―び―き　　あ―し―き―び―の
　　　あ―し―び―の―き　　あ―し―の―き―び　　あ―し―き―の―び

2 番目に来るのが「し」の場合が 6 通りある．

　　　あ―び―し―き―の　　あ―び―の―し―き　　あ―び―き―の―し
　　　あ―び―し―の―き　　あ―び―の―き―し　　あ―び―き―し―の

2 番目に来るのが「び」の場合が 6 通りある．

　　　あ―き―し―び―の　　あ―き―の―し―び　　あ―き―び―の―し
　　　あ―き―し―の―び　　あ―き―の―び―し　　あ―き―び―し―の

2 番目に来るのが「き」の場合が 6 通りある．

　　　あ―の―し―び―き　　あ―の―き―し―び　　あ―の―び―き―し
　　　あ―の―し―き―び　　あ―の―き―び―し　　あ―の―び―し―き

2 番目に来るのが「の」の場合が 6 通りある．

以上，はじめに「あ」が来る場合が $4 \times 6 = 24$ より，24 通りある．この計算で，4 というのは，はじめに「あ」を持ってきて，2 番目に「あ以外」の文字を持ってくる場合が 4 通りあることを意味している．

列挙しないが，はじめに「し」が来る場合も，24 通りあるはずである．

以下同様に，はじめに「び」,「き」,「の」それぞれが来る場合すべて 24 通りあるから，総合した合計の場合は，はじめの文字の種類 5 × 24 通り = 120 通りであることがわかる．

ここで，5 というのは，はじめにどの文字を持ってくるかで，5 通りあることから来ている．まとめてみると，次のようになっている．

(はじめに選ぶ文字が 5 通り)　　(2 番目に来る文字が 4 通り)
(3 番目に来る文字が 3 通り)　　(4 番目に来る文字が 2 通り)
(5 番目に来る文字は 1 通り)

であり，これらをかけた数だけあることがわかる．

$$5 \times 4 \times 3 \times 2 \times 1 = 120 \tag{1.9}$$

$5 \times 4 \times 3 \times 2 \times 1$ は，5! と表して，「5 の階乗」と呼ぶ．英語では，「Factorial of 5」(5 のファクトリアル) と呼ばれる．

この考え方は順列の公式を導いた時と同じである．よく考えてみれば，「5 つの物を並び替える方法」というのは，「5 つの異なる物から 5 つを選んで並べる方法」であるから，順列のときの公式が使える．

$$_5\mathrm{P}_5 = 5 \times 4 \times 3 \times 2 \times 1 = 120 \tag{1.10}$$

一般に次の式が成り立つ．

$$_n\mathrm{P}_n = n! = n \times (n-1) \times \cdots \times 2 \times 1 \tag{1.11}$$

[例題 6]
「す」「な」「は」「ま」の 4 つの文字を並び替えると何通りの並び方になるか？
[解] 4 つの異なる物を並べる方法であるから，次のように求められる．

$$_4\mathrm{P}_4 = 4! = 4 \times 3 \times 2 \times 1 = 24 \tag{1.12}$$

24 通りである．

[例題 7]
松尾芭蕉の代表作として知られる「古池や蛙飛び込む水の音」のはじめの部分，「ふるいけや」の 5 文字を並び替えると何通りの並び方ができるか？
[解]
$$_5\mathrm{P}_5 = 5! = 5 \times 4 \times 3 \times 2 \times 1 = 120 \tag{1.13}$$

1.3 組合せの場合の数

ある調査によると，電話帳に掲載されている氏名のうち，苗字の多い順を調べてみると次のような順になっているという．

　　佐藤　　鈴木　　高橋　　田中　　渡辺　　伊藤

ある調査によると，2010 年生まれの男子と女子の名前で多かった順は次のようになっているという．

男子：大輝　　翔　　海斗
女子：さくら　　未来　　七海

1.3 組合せの場合の数

そこで，架空の話であるが，次の6人の班があったとしよう．

　　佐藤海斗　　鈴木七海　　高橋翔
　　田中未来　　渡辺大輝　　伊藤さくら

この6人がキャンプに行って，食事係を3人選ぶことになった．3人の係を選び出す方法は何通りあるかを考えてみよう．

はじめに，6人から3人を選んで順番に並べる場合の数を求めておく．既に学んだとおり，「順列の計算方法」により，次のように求められる．

$$_6P_3 = 6 \times 5 \times 4 = 120 \tag{1.14}$$

この120通りの中には次のような並び方も含まれている．

　　佐藤海斗　　鈴木七海　　高橋翔
　　佐藤海斗　　高橋翔　　鈴木七海
　　鈴木七海　　佐藤海斗　　高橋翔
　　鈴木七海　　高橋翔　　佐藤海斗
　　高橋翔　　鈴木七海　　佐藤海斗
　　高橋翔　　佐藤海斗　　鈴木七海

この6通りは，「順番にかかわらず3人の食事係を選ぶ」という場合には，区別がなく，「1通り」と数えられる．

他の3人を並べた場合にも同じことが成り立つ．したがって，120通りの中で，常に6通りは同一の選び方と考えられるので，120通りの中で3人を選び出す方法の数は次のように計算される．

$$\frac{_6P_3}{_3P_3} = \frac{120}{6} = 20 \tag{1.15}$$

このことを一般化すると，「n 個の異なるものから r 個選び出す方法の数は次のように表せる．

$$\frac{_nP_r}{_rP_r} = \frac{n \times (n-1) \times \cdots \times (n-r+1)}{r \times (r-1) \times \cdots \times 2 \times 1} \tag{1.16}$$

この値を，組み合わせの数といい，$_nC_r$ で表す．これは英語の組み合わせを表す，Combination からきている記号である．

例えば，10人のグループから委員を3人を選び出す方法は次のように計算する．

$$_{10}C_3 = \frac{_{10}P_3}{_3P_3} = \frac{10 \times 9 \times 8}{3 \times 2 \times 1} = 120 \tag{1.17}$$

[例題 8]

ある企業の労働組合で，100人の組合員から5人の代議員を選出することになった．選び方は何通りあるだろうか？

[解]

$$_{100}C_5 = \frac{_{100}P_5}{_5P_5} = \frac{100 \times 99 \times 98 \times 97 \times 96}{5 \times 4 \times 3 \times 2 \times 1} = 75287520 \tag{1.18}$$

7千万以上の選び方がある．すごい大きな数である．

[例題 9]

(1) 生徒数40人のクラスの中から，全校の生徒役員会へ送る「クラス代表」と「書記1人」を選ぶことになった．選び方は何通りあるか．

(2) 生徒数 40 人のクラスの中から，全校の生徒役員会へ送るクラス代表 2 人を選ぶこととなった．選び方は何通りあるか．

[解] (1)「クラス代表」と「書記」という異なった役職の 2 人を選ぶので，「順列の場合の数」が該当する．

$$_{40}\mathrm{P}_2 = 40 \times 39 = 1560 \tag{1.19}$$

1560 通りとなる．

(2)「クラス代表 2 人」には，2 人の選び方の順序はないので，「組み合わせの数」が該当する．

$$_{10}\mathrm{C}_2 = \frac{_{40}\mathrm{P}_2}{_2\mathrm{P}_2} = \frac{40 \times 39}{2 \times 1} = 780 \tag{1.20}$$

780 通りとなる．

1.4 重複順列，重複組合せ

同種のものがある順列

ミカンが 3 個，リンゴが 2 個ある．この 5 つの物を一列に並べる方法は何通りあるだろうか？ ミカンの 3 個は違いがなく区別できないとする．リンゴの 2 個も区別できない．

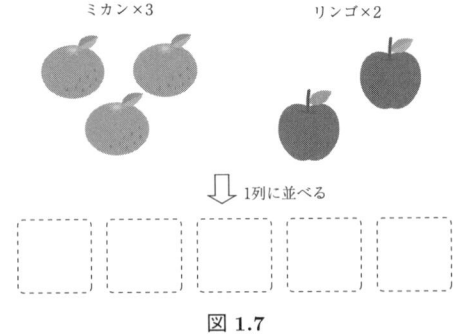

図 1.7

はじめは，「5 個の物が異なっていて区別できる」と考えるのである．すると，$5! = 5 \times 4 \times 3 \times 2 \times 1 = 120$ 通りある．

この中で，ミカン 3 つを区別していたところを同一視して一つのグループにまとめる必要がある．ミカン 3 つを異なるとして並べる方法が $3! = 3 \times 2 \times 1 = 6$ 通りあるので，120 通りをこの 6 通りで割る必要がある．

同様に，リンゴ 2 個の並び方についても $2! = 2 \times 1 = 2$ 通りをひとまとめにする必要があるので，2 でも割り算する．結局次のような計算になる．

$$\frac{5!}{3! \times 2!} = 10 \tag{1.21}$$

一般に，n 個の物の中に，区別できない A が a 個，区別できない B が b 個，区別できない C が c 個，$\cdots$ あるとき，n 個を並べる順列の数は次の式で表せる．

$$\frac{n!}{a! \times b! \times c! \times \cdots} \tag{1.22}$$

[例題 10]

1と書いたカードが3枚，2と書いたカードが2枚，3と書いたカードが4枚ある．合計9枚のカードを一列に並べると，9桁の数が何通りできるか？

[解] カード9枚を並べる方法が，9! だけあるが，その内で1のカード3枚を並べる方法 3! は同一視する必要がある．さらに，2のカード2枚もその並べ方 2! を同一視し，最後に，3と書いたカード4枚の並べ方 4! も同一視するので，次のようになる．

$$\frac{9!}{3! \times 2! \times 4!} = \frac{9 \times 8 \times 7 \times 6 \times 5 \times 4 \times 3 \times 2 \times 1}{3 \times 2 \times 1 \times 2 \times 1 \times 4 \times 3 \times 2 \times 1} = 1260 \tag{1.23}$$

[例題 11]

正岡子規の代表作の一つに，「柿くへば鐘が鳴るなり法隆寺」がある．これを仮名にした

　　　かきくえば　かねがなるなり　ほうりゅうじ

を並び替えると，何通りの並び方があるか？

[解] 5-7-5 で合計 17 文字があるが，2 回以上使われている文字がある．「か」が 2 回，「な」が 2 回，「り」が 2 回，「う」が 2 回，使われている．これらのことから，求める場合の数は次のようになる．

$$\frac{17!}{2! \times 2! \times 2! \times 2!} = 22230464256000 \tag{1.24}$$

重複順列

1，2，3，4，5 の 5 種類の数を書いたカードがそれぞれ 10 枚以上ある．この中から 3 枚を選んで 3 桁の数を作る．何通りの数ができるか？ つまり，5 個の数字から重複を許して 3 個を選んで並べる方法の数は何通りあるか？ を考えてみよう．

百の位に来る数字は，1，2，3，4，5 の 5 通りである．百の位にどの数字が選ばれても，十の位には同じ 1，2，3，4，5 の 5 通りの選び方がある．さらには一の位にも同じ 5 通りが選べる．したがって，求める場合の数は，$5 \times 5 \times 5 = 5^3 = 125$ 通りとなる．

一般に，n 個の異なるものから，重複を許して r 個選んで並べる方法の数は，**重複順列の数**といって，n^r 通りある (r^n とする間違いに注意すること)．日本のテキストではギリシャ文字の大文字の P である，Π を使って，${}_n\Pi_r$ と表している場合があるが，外国ではほとんど使われていない．

重複組み合わせ

りんご，なし，もも，の 3 種類の果物がそれぞれたくさんある．この 3 種類の果物から重複を許して 5 個選び出してお見舞いの果物セットを作ってもらう．果物の入れ方の方法は何通りあるだろうか．ただし，一つも入れない果物があってもよいとする．

この問題は，次のような不定方程式 (解が一通りに定まらない) の整数解の個数と対応している．

$$x + y + z = 5 \tag{1.25}$$

x がりんごを選び出す個数，y がなしを選び出す個数，z がももを選び出す個数と考えればよい．

この問題は昔からある有名な問題であるが，次のように考えるとわかりやすい．

(1) 5個の果物の入る場所を作っておく．

$$\bigcirc\ \bigcirc\ \bigcirc\ \bigcirc\ \bigcirc$$

(2) ここに縦の境界線を2本引き，左側にりんご，中央になし，右側にももが入るとする．

$$\bigcirc\ \bigcirc\ \|\ \|\ \bigcirc\ \bigcirc\ \bigcirc$$

上の場合は，りんご2個，なし0個，もも3個，の場合である．

(3) 縦線の入れ方だけ，りんご，なし，もも，の選び方があるので，縦線の入れ方の数を考える．

(4) 縦線の入る場所も ○ で表すと次のように $5+2=7$ 個の場所ができる．7つの場所から縦線の入る場所2つを選ぶ方法の数を求める．

$$\bigcirc\ \bigcirc\ \bigcirc\ \bigcirc\ \bigcirc\ \bigcirc\ \bigcirc$$

$$_7C_2 = \frac{7 \times 6}{2 \times 1} = 21 \tag{1.26}$$

同じように，6個の物から重複を許して4個のものを選び出す方法の数は次のように計算できる．

$$_{6+4-1}C_4 = {_9}C_4 = \frac{9 \times 8 \times 7 \times 6}{4 \times 3 \times 2 \times 1} = 126 \tag{1.27}$$

一般に，n 個の物から重複を許して r 個選び出す方法の数は，$_nH_r$ と表し，次のようになる．

$$_nH_r = {_{n+r-1}}C_r \tag{1.28}$$

記号 H は斉次積 (Homogeneousproduct) の頭文字から来たものである．斉次積とは，$(a+b+c)$ のように，同じ次数 (ここでは1次式) の和の形で，この5乗を展開したとき，a を取り出す個数を x, b を取り出す個数を y, c を取り出す個数を z とすると，$x+y+z=5$ となり，はじめの問題と一致する．

[例題 12]

3種類の魚 (鮭，ニシン，さんま) の缶詰がそれぞれたくさんバラバラになっていて大きな入れ物に入っている．ここから，4個の缶詰を選び出すとき，鮭，ニシン，さんまの缶詰の選び方は何通りあるか．

[解] 3種のものから重複を許して4個選び出す，「重複組み合わせ」の数であるから，次のように求められる．

$$_3H_4 = {_{3+4-1}}C_4 = {_6}C_4 = \frac{6 \times 5 \times 4 \times 3}{4 \times 3 \times 2 \times 1} = 15 \tag{1.29}$$

[例題 13]

x, y, z, は0または正の整数とする．次の方程式は何通りの解があるか．

$$x+y+z = 10 \tag{1.30}$$

[解] 3種類のものから重複を許して10個選び出す，「重複組み合わせ」の数であるから，次のように計算できる．

$$_3H_{10} = {_{3+10-1}}C_{10} = {_{12}}C_{10} = {_{12}}C_2 = \frac{12 \times 11}{2 \times 1} = 66 \tag{1.31}$$

1.5 円順列

中華料理のレストランでは，大きな丸いテーブルを囲んで食事することが多い．6人のグループが行き，円卓に席を取ることになったが，いったい何通りの座り方があるのだろう？ 座席に区別があったり，方角が違うと異なる並び方などと考えないとする．つまり，条件としては，「回して同じになる並び方は1通りと数える」のである．

人に番号をつけて，1，2，3，4，5，6 とする．

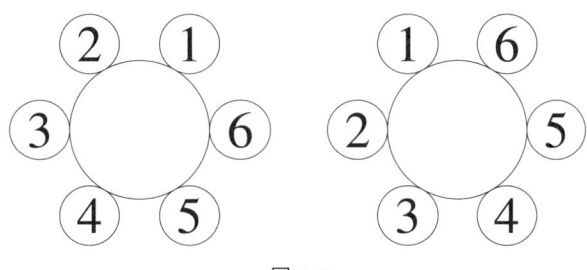

図 1.8

図の2通りの座り方は同じであると考える．

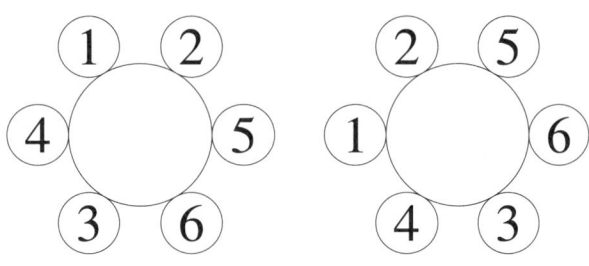

図 1.9

この図も2通りの席の並び方は，1通りと数える必要がある．

上下の並び方は異なる．このような区別をするためには，1番の人の位置を固定して，同じ位置にあると考えればよい．

上図の2つは，1以外は，2，3，4，5，6 という並び方であるが，下図の2つは，1以外は，4，3，6，5，2 という並び方である．

このように考えると，6人が円卓に並ぶ並び方の数は，一人を固定して，残り5人の並び方の数として求められる．

$$_5P_5 = (6-1)! = 5 \times 4 \times 3 \times 2 \times 1 = 120 \tag{1.32}$$

通りとなる．

一般に，n 個のものを円卓上に並べる場合の数は次のようになる．

$$_{n-1}P_{n-1} = (n-1)! \tag{1.33}$$

じゅずの順列

「じゅず」のように，裏返すことができる円順列は，常に表裏がペアになっている．そこで，「じゅずの順列の数」は，円順列の場合の数の半分になる．

[例題 14]

7色のガラス玉を使ってネックレスを作る時，何通りの色の配列があるだろうか？

[解] ネックレスは，じゅずと同じで，裏返して同じものは区別しない数え方とする．次の計算で求められる．

$$_{7-1}P_{7-1} = 6! = 720 \tag{1.34}$$

第1章　演習問題

(1) トランプのスペードのカード 13 枚から 5 枚選んで順番に並べる並べ方は何通りあるか．

(2) トランプのダイヤのカード 13 枚から，5 枚を選び出す方法は何通りあるか．

(3) ある政権与党の国会議員が 300 人いる．ここから首相になる予定の党代表と党の幹事長と副幹事長の 3 人を選び出す方法は何通りあるか．

(4) ある政党の国会議員が 50 人いる．この中から国会対策委員 4 人を選び出す方法は何通りあるか．

(5) 黒，白，赤，緑，黄，5色の玉がそれぞれたくさんある．ここから4つの玉を選んで並べる方法は何通りあるか．

(6) 赤色のヘルメットが 2 個，青色のヘルメットが 3 個，黄色のヘルメットが 5 個ある．この 10 個のヘルメットを一列に並べる方法は何通りあるか．ヘルメットは色だけに注目し，同じ色のヘルメットは区別ができないとする．

(7) x, y, z, u, はすべて自然数とする．次の方程式 $x+y+z+u=10$ は何通りの解をもつか．

(8) 7 カ国の首脳が丸いテーブルに席を取って会議をはじめることとなった．椅子の違いや方角等を考慮に入れなければ，何通りの並び方があるか．

(9) 5 個の色の付いた球から，重複を許して 8 個並べる方法は何通りあるか．

第2章　確率の基礎概念

2.1　確率概念の発生

　人類が確率概念を考えついたのは古代，旧石器時代であったろう．当時は未来に起きるいろいろな現象についての予測のために占いが行われていた．科学的知識が乏しければどうしても神様等の絶対者のお告げを求めなければならなかった．

　農耕が行われるようになると，天気予報も大事な情報となり，短期的，長期的な天気予報も占うことになってきた．

　地震の予知はかなり困難であるが，天気予報の予測はかなり正確に詳しく行われるようになってきた．観測網の充実や理論的な研究の積み重ねによっている．昔は，動植物や自然現象の微妙な変化から天気予報が行われていた．

観天望気 (かんてんぼうき)

　観天望気とは，古来より言い伝えられてきたもので，生物や目に入る自然現象を元にして行う一種の天気予報のことである．主なものを紹介しておこう．

　　「ツバメが低く飛ぶと雨」　　　「カエルが鳴くと雨」
　　「ネコが顔を洗うと雨」　　「蜘蛛が糸を張ると明日は天気がよい」
　　「山に笠雲がかかると雨や風」　　「うろこ雲が起きると天気が変わる」
　　「飛行機雲がすぐに消えると晴れ」　　「夕焼けの次の日は晴れ」
　　「太陽や月に輪がかかると雨か曇り」　　「朝虹は雨，夕虹は晴れ」
　　「朝焼けは雨」　　「リウマチが痛むと雨」

　これらの中には科学的な根拠があるものも多い．なお，「天気予報の確率」については後で詳しく説明する．

2.2　必然的な現象と偶然現象

　数学は抽象的な学問分野ではあるが，その基礎は自然界や社会にある自然現象や社会現象であることは人類の長い歴史を見れば明らかなことである．

　確率，確率論もその一環として，物質的な基礎を自然現象や社会現象によっている．

　ただし，他の数学の分野と異なるのは，**偶然現象**を対象としていることである．世の中のいろいろな現象を大きく分けると，「必然的な現象」と「偶然的な現象」に分けることができる．分類の基準は，くり返し可能な一定の条件の下で，いつも同じ結果が得られるのが「必然的な現象」であり，複数のいろいろな結果が生じるのが「偶然的な現象」である．

　自然科学も社会科学も，ほとんどの場合に必然的現象に関する法則を研究している．偶然現象に関する法則は，個々の具体的な現象については諸科学が扱っているが，いろいろな偶然現象に共通する規則性や法則については，数学の一分野としての「確率論」が担当している．

2.3 サイコロの歴史

確率の歴史と深く関わっているのがサイコロである．偶然現象の典型的なものとして常に活用されてきた．

石器時代には動物の足のくるぶしの骨などがサイコロとして使われた．これは，「アストラガルス」とよばれ，古代遺跡からたくさん出土している．

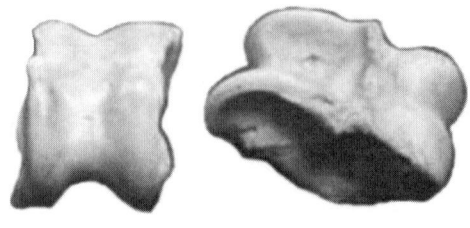

図 2.1

このようなアストラガルスは博物館でしか見られないかと思うと，これが現代にも生きているのである．モンゴルのシャガイと呼ばれるおもちゃは，羊のくるぶしの骨でできていて，まさに古代のアストラガルスが生きているのである．モンゴルではおもちゃとして普通に使われている．羊は，モンゴルでは大切な家畜である．それ故，その骨も大切に扱われている．

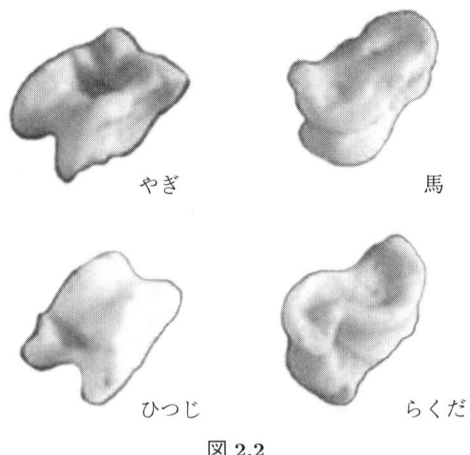

図 2.2

上の面がどのようになるかで，図のように，「やぎ」「馬」「ひつじ」「らくだ」という名前で呼ばれている．

モンゴルではシャガイを使った遊び，ゲームが何十と知られていて，子どもばかりでなく大人も楽しんでいる．モンゴルに行けば普通に買い求めることができるし，空港などのお土産品売り場でも手に入れることができる．日本にいてもインターネットを仲介して購入することも可能である．筆者は 1 個 170 円で購入している．

なお，サイコロが立方体になってきたのは古代エジプトの時代からである．古代エジプトの壁画にはゲームでサイコロを投げて遊んでいる場面がある．

2.4 確率の歴史

古代ローマでは，賭け事が頻繁に行われていた．その一つ，「Hounds and Jackals (猟犬とジャッカル)」という賭け事が知られていて，その遊戯はニューヨークのメトロポリタン美術館に展示されている．立方体のサイコロを投げて，出た目を利用して遊んでいたようである．賭け事も極端になると自分の生死を賭けて行うことまであったという．

中世の詩「デ・ウェトゥラ (De Vetula)」(About the Old Woman,「年輩の女性について」という意味) には，3 個のサイコロを投げたとき，目の和がある数になるすべての場合を正確に列挙することが書かれている．1250 年頃までには，ヨーロッパでは，サイコロの目の出方とその頻度についてはかなり知れ渡っていたと思われる．

その後の，ダンテの神曲 (1555 年頃) の注釈書にも，サイコロを 3 個投げたときの目が出る確率についての記述があるという．

15 世紀から 16 世紀になると，さらに発展していく．ルカ・パチョーリ (Fra Luca Bartolomeo de Pacioli, 1445-1517) は，イタリアの数学者であると同時に「近代会計学の父」と呼ばれるが，彼の著書，「スムマ——算術，幾何，比および比例に関する全集 (Summa de Arithmetica, Geometria, Proportioni et Proportionalita)」の中で，確率の問題を扱っている．

当時あるいはそれ以前から，賭け事の世界では次のことが問題になっていた．「2 人が掛け金を平等に出し合い，毎回ゲームをし，勝った方が何点かを取っていく．全部取り終えたら終わりである．2 人のどちらも，毎回勝つ確率は同じ 1/2 であるとする．ここで問題というのは，外的な理由で途中でゲームを終えなければならなくなったとき，掛け金をどのように分配するのが合理的か？」というものである．

例えば，パチョーリの本の例でみると，「仲間同士で球技をする．1 ゴール決めれば 10 ポイントを得る．はやく 60 ポイントを獲得した方が勝ちである．掛け金は 10 ダカット (金貨) である．最終勝者が決まる前にゲームはゲームを中止せざるを得なくなってしまった．その時点で A チームは 50 ポイントを獲得し，B チームは 20 ポイントを獲得していた．掛け金の 10 ダカットを A，B 両チームにどのように配分したらよいだろうか？」(http://www.cs.xu.edu/math/Sources/Pacioli/summa.pdf で読むことができる) ということである．

パチョーリはこの問題を 3 つの方法で解説しているが結局は，10 ダカットを，中止したときのポイント数 50 と 20 の割合で分配するというものである．つまり，$10 \times \frac{50}{50+20} = \frac{50}{7}$ ダカットと $10 \times \frac{20}{50+20} = \frac{20}{7}$ ダカットに分けるというものである．

その後，3 次方程式，4 次方程式の解法を発見したことで知られる，カルダノとタルタニアも同様の問題を扱っている．

イタリアのカルダノ (Hieronimo Cardano, 1501-76) は 3 次方程式や 4 次方程式の解の公式を発見したことで知られているが，サイコロ賭博の手引き書として，「サイコロ遊びについて」などの本を書いている．そこでは，2 つのサイコロを投げて目の和がいくらになる確率がいくらかという計算を行っている．

17 世紀にフランスの貴族であったシュヴァリエ・ド・メレ (Chevalier de Mere) が賭け事での疑問を数学者・哲学者であったブレイズ・パスカル (Blaise Pascal, 1623-62) にした質問がきっかけになって，パスカルはピエール・フェルマー (Pierre de Fermat, 1601-65) に書簡を送

り二人の往復書簡が始まった．

往復書簡はフランス語であるが，英訳は

http://www.socsci.uci.edu/~bskyrms/bio/readings/pascal_fermat.pdf

で自由に読むことができる．日本語訳は，中央公論社発行の「世界の名著24 パスカル」等で読むことができる．

往復書簡の内容を現代的に置き換えると，次のような問題であった．「賭け金は100万円とし，毎回，勝負をし，先に3勝した方が総取りして100万円を手にする．毎回の勝つ確率はどちらも $\frac{1}{2}$ である．Aが2勝し，Bが1勝した時点で，警察に踏み込まれて中止になってしまった．賭け金は没収されずにすみ，後で分配することになった．100万円をどのように分配したらよいか？」という問題である．「勝負がついていないのだから同じ金額50万円ずつ分ける」という考えもありうる．「2勝と1勝になっているのだから2：1に分ける」という考えもありうる．

パスカルはこの問題を以下のような樹形図を使って次のように解いたのである．

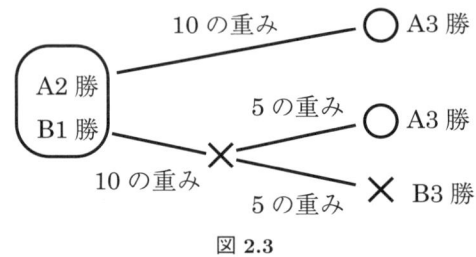

図 2.3

次の試合は第4回戦ということになる．Aの勝ちを○，負けを×として見てみよう．4回目には，○か×かの2通りありどちらも平等である．○の場合にはこれでゲームは終了するが，×の場合にはもう一度ゲームをすることになる．その結果が○であればAが勝利し，×であればBが勝利することになる．

4回目に○と×が同じ重みで，10, 10とすれば，5回目に○が5の重み，5回目に×が5の重みとなるので，最終的にAが勝利する重みが $10+5=15$ となり，Bが勝利する重みは5である．

したがって，最後までゲームができたとすれば，AとBのそれぞれが勝利する重みは，$15:5=3:1$ となるので，100万円はこの割合で分配する，つまり，Aは4分の3を，Bは4分の1を受け取るのが合理的であるとした．

2.5　確率論をまとめたラプラス

歴史的にはまとまった確率論の本を最初に書いたのはピエール＝シモン・ラプラス (Pierre-Simon Laplace, 1749-1827) であるが，彼の著作「確率の哲学的試論」には，はじめに「場合の数の比」で確率を定義しているように見える．その後の記述を見れば，彼も相対頻度の安定性を考えていたことははっきりしている．保険の問題等社会での確率の使用についても多数の例をあげている．ラプラスの確率の定義に関しては，詳しいことは後の章で展開する．

ラプラスは，「同様に確からしい」という概念と「場合の数の比率」で確率を定義したのに対

し，確率は無限の試行におけるある事象の出現する「相対頻度である」としたのは，リヒャルト・フォン・ミーゼス (Richard von Mises, 1883-1953) であった．

一方，確率は以下の性質を満たす事象に対する数値である，として，確率の満たすべき性質だけを公理として定めればよい，としたのが，旧ソ連の数学者であるコルモゴロフ (アンドレイ・ニコラエヴィッチ・コルモゴロフ (英語表記で Andrey Nikolaevich Kolmogorov), 1903-87) である．

コルモゴロフの公理的確率論は 1933 年ドイツ語で，"Grundbegriffe der Wahrscheinlichkeitsrechnung" (Verlag von Julius Springer, 1933) として出版されて以後長い間改訂されないできたが，40 年を経て 1974 年コルモゴロフ自身の手によって第 2 版がロシア語で出版された．日本語訳は『確率論の基礎概念』(坂本實訳，ちくま学芸文庫，2010) で読むことができる．

ここでは確率の公理が次のようにまとめられている．

「Ω を要素 ω の集合とし，$\mathcal{F}$ を Ω の部分集合を要素とする集合族とする．このとき，ω を根元事象といい，$\mathcal{F}$ の要素を**確率事象** (または単に**事象**)，Ω を**標本空間**という．

I. $\mathcal{F}$ は集合体である．
II. $\mathcal{F}$ の各集合 A に，非負の実数 $\mathsf{P}(A)$ が定められている．
　この数 $\mathsf{P}(A)$ を事象 A の確率という．
III. $\mathsf{P}(\Omega) = 1$．
IV. A と B とが共通の要素をもたないとき

$$\mathsf{P}(A + B) = \mathsf{P}(A) + \mathsf{P}(B) \tag{2.1}$$

　が成り立つ．

公理 I–IV を満たす $(\Omega, \mathcal{F}, \mathsf{P})$ を総称して，**確率空間**という．」

ここで集合体という言葉をコルモゴロフの注によって述べておこう．$\mathcal{F}$ は Ω の部分集合のある 1 つの集まりであって，「集合 Ω の部分集合族 $\mathcal{F}$ は，$\Omega \in \mathcal{F}$ で，それに含まれる 2 つの集合の和，積，ならびに差がまたその族に含まれるとき**集合体**という．集合 A と B の積を $A \cap B$ または AB で表し，和を $A \cup B$，差を $A - B$ で表す．集合 A の補集合 $\Omega - A$ を $\overline{A}$ で表す．空集合を ϕ で表す．集合 A と B が共通部分をもたない ($AB = \phi$) ならば，和 $A \cup B$ は $A + B$ とも表し，直和という．なお，$\mathcal{F}$ の要素である集合を，今後英文字の大文字で表すことにする．」となっている．

第 1 版では集合体と言ったときに $\Omega \in \mathcal{F}$ の条件を含めないでいるために，公理の方で，$\Omega \in \mathcal{F}$ の条件を付け加えて公理 I–V となっているがもちろん全く同じ内容である．

以上が有限の場合であり，無限の場合にはさらにもう一つの公理を導入してくることになる．

以後，数学としての確率論はこの公理をみたす概念として理論の出発点，枠組みとなったのである．

ここで見てのとおり，ここでは $\mathsf{P}(A)$ についての現実的な意味は付与されていない．現実問題に確率を使うときにはこの $\mathsf{P}(A)$ の意味が大事になってくる．

公理系の物質的基礎はどうでもよいということにはならない．公理が客観的法則のどのような側面をどのように表現しているかを明らかにしておくことは不可欠なことである．コルモゴロフは一つの節を設けてわざわざ「経験的事実との関連」を述べ「公理系の経験的演繹」を分析しているのである．

「ここでは，確率論の諸公理の経験的な面について，単なるヒントを与えるにすぎない.」と断ってある通りきわめて簡略ではあるが，次のように現実との対応をつけている.

「状態 $\mathfrak{S}$ が非常に多くの回数，n 回繰り返され，その結果，事象 A が起こった回数が m 回であるとき，m と n との比 $\frac{m}{n}$ がほとんど $P(A)$ に等しいということを，実際，確かめることができる．$P(A)$ が非常に小さいとき，状態 $\mathfrak{S}$ の 1 回だけの実現に対して，事象 A が起こらないということを，実際，確かめることができる.」

「サイコロを 1 回投げたとき，結果は，1 の目が「出るか」「出ないか」だけだから，それぞれの確率は $\frac{1}{2}$ だというのはまともな確率論ではないことを述べている.

第 2 章　演習問題

(1) アストラガルスとは何か，説明せよ．
(2) 立方体のサイコロが使われるようになったのはいつ頃か？
(3) 中世のイタリア等で盛んであった賭博に現れる問題を，2 人の哲学者・数学者に相談に行き，2 人の往復書簡から確率計算が始まったとよく言われるが，この 2 人の名前は何か？
(4) 5 通りの表れ方があり，そのうち 2 つが該当する事象であるとき，この事象の起きる確率を $\frac{2}{5}$ としてよいと，確率論を体系的に発表したラプラスが言っているが，ここで，$\frac{2}{5}$ としてよい時の条件は何か？
(5) 確率を，これこれの公理を満たす概念，といったのはソ連のコルモゴロフであったが，その主な公理を述べよ．
(6) 観天望気の例を 2 つ以上あげよ．

第3章　確率と相対頻度の安定性

　1回限りのできごとには「確率」の概念は当てはまらない．もちろん賭け事やゲームでは，「次の一手」だけが全てであるという場合はある．しかし，その試行は原理的には何回でも繰り返し行えることが前提である．「デタラメに起こる多数回の試行」が確率概念の基本であるが，「デタラメの結果」にもそれなりの規則性があるのが確率である．その「偶然現象における規則性」とは，「ある事象の起こる相対頻度の安定性」なのである．

3.1　偶然現象と大数の弱法則

　「相対頻度の安定性」を確認する例として，ポピュラーな，「サイコロ投げ」の実験をして結果を分析してみよう．

　サイコロに2種類あり，普通の「立方体のサイコロ」と，縦，横，高さが異なる長さの「直方体のサイコロ」がある．

　普通の立方体のサイコロは結果の予想がつくので多少興味が薄いという欠点があるが，容易に入手できるという利点がある．3辺の長さが異なる直方体のサイコロは，各目がどのくらいの割合で出現するかがわからないので興味が湧きやすいが，たくさんのサイコロを作るのが大変であるという欠点がある．

　ここでは普通の立方体のサイコロを投げて結果を調べるという実験をしてみよう．

　⊡ が出たら「1」を，それ以外の目が出たら「0」を記入しよう．

　(1) 10人が，10回投げ，1のでた回数を記録する．100回，1000回投げた結果と比較するために，1が出た回数を投げた回数で割った，「相対頻度」の値も求めておく．

```
佐藤： 0,0,1,0,0,1,0,0,0,0     1 の相対頻度 0.2
田中： 0,0,0,0,0,0,0,0,0,1     1 の相対頻度 0.1
斎藤： 1,1,0,0,1,0,0,0,0,0     1 の相対頻度 0.3
小林： 0,0,0,1,0,0,0,0,1,0     1 の相対頻度 0.2
工藤： 0,0,0,0,0,0,0,1,0,0     1 の相対頻度 0.1
高橋： 1,0,0,0,0,0,0,0,1,0     1 の相対頻度 0.2
鈴木： 0,0,0,0,1,0,0,0,0,0     1 の相対頻度 0.1
岡本： 0,0,0,0,0,0,0,0,0,0     1 の相対頻度 0.0
小沢： 0,0,0,0,0,1,0,0,1       1 の相対頻度 0.2
福田： 0,0,0,1,0,0,0,0,0,0     1 の相対頻度 0.1
```

　(2) 10人が，100回投げ，1の出た回数を記録する．佐藤さんの結果のみを紹介し，他の9人を含め10人の「相対頻度」の値も求めておく．

```
佐藤：0,0,0,0,0,0,0,0,0,1,1,0,0,0,0,0,0,1,0,0,0,0,1,0,0,0,0,0,0,0,0,0,
      1,0,1,0,1,0,0,0,1,1,0,0,0,0,0,0,0,0,0,0,0,0,0,0,1,0,0,0,1,0,0,0,1,0,
      1,0,0,0,0,0,0,0,0,0,0,0,1,0,0,1,0,0,0,0,0,0,0,0,0,0,0,1,0,1,0,0,0,0
```

表 3.1

佐藤	田中	斎藤	小林	工藤	高橋	鈴木	岡本	小沢	福田
0.17	0.17	0.23	0.16	0.08	0.20	0.21	0.15	0.23	0.18

(3) 10人が，1000回投げ，1の出た回数を記録する．10人の「相対頻度」の値だけを示しておく．

表 3.2

佐藤	田中	斎藤	小林	工藤	高橋	鈴木	岡本	小沢	福田
0.187	0.175	0.167	0.173	0.171	0.184	0.184	0.180	0.174	0.182

(4) 10人が，10000回投げ，1の出た回数を記録する．10人の「相対頻度」の値だけを示しておく．

表 3.3

佐藤	田中	斎藤	小林	工藤	高橋	鈴木	岡本	小沢	福田
0.1661	0.1639	0.1689	0.1648	0.1693	0.1704	0.1638	0.1675	0.1640	0.1688

(5) 10人が，100000回投げ，1の出た回数を記録する．10人の「相対頻度」の値だけを示しておく．

表 3.4

佐藤	田中	斎藤	小林	工藤	高橋	鈴木	岡本	小沢	福田
0.16516	0.16626	0.16828	0.16782	0.16773	0.16804	0.16570	0.16621	0.1652	0.16780

数字だけでははっきりしないので，これらを図に表してみると図3.1～3.3のようになる．

これらの図からすぐわかるように，「投げる回数を増やしていけば，1の目が出る相対頻度は10人の違いがだんだん小さくなっていく」ということである．10人の違いを調べてみると次のようになっている．あわせて，10人の相対頻度の平均値も示しておく．

10人の，相対頻度の値の差
　　投げる回数が10回のとき，　　　10人の差 0.30,　　　10人の平均値 0.15
　　投げる回数が100回のとき，　　　差 0.08,　　平均値 0.176
　　投げる回数が1000回のとき，　　　差 0.017,　　平均値 0.1777
　　投げる回数が10000回のとき，　　　差 0.0066,　　平均値 0.16675
　　投げる回数が100000回のとき，　　　差 0.00312,　　平均値 0.166862

このような状況が生じているとき，「多数回の試行である事象の起きる相対頻度が安定していく」と考えようというのである．偶然的な現象に見られるこのような規則性を，「相対頻度の安定することを示す**大数の弱法則**」という．

安定していく数値としてどのような値を考えるかは，必要な精度に応じて決めればよい．上の例では，「少数第3位まででよい」とすれば 0.167 という数値が適切と考えられるであろう．

この数値は，サイコロの場合6通りの目の出方があり，どれも同じ相対頻度になると考えれば，相対頻度の全体は1なので，$\frac{1}{6}$ という数値が適切だろうと考えていいだろう．$\frac{1}{6} = 0.16666666\ldots$

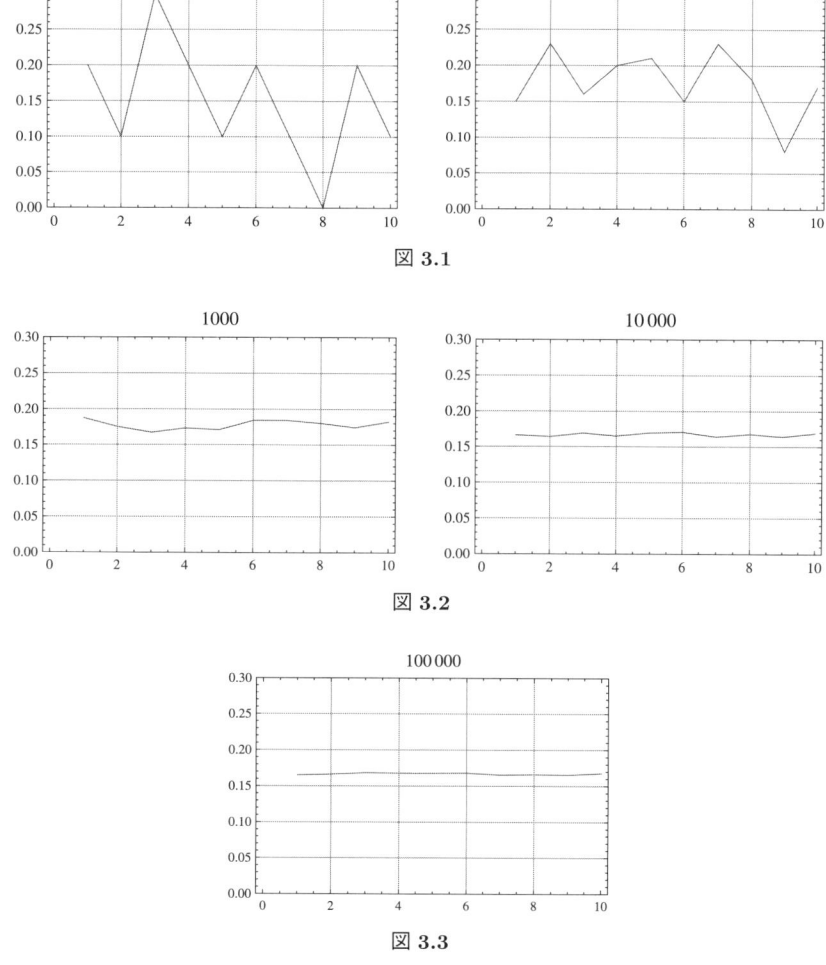

図 3.1

図 3.2

図 3.3

であるから，上の実験結果とも整合性があることになる．

3.2 偶然現象と大数の強法則

　弱法則があるなら強法則があるだろう，というわけで，今度は強法則について調べよう．

　弱法則は10人とか20人とかの相対頻度の違いが小さくなっていくという規則性であったが，今度は1人の試行を考え，投げる回数を多くしていった時のその人の1が出る相対頻度の変化に注目する．

　10回投げたらその時点までの1の目が出た相対頻度を記録し，15回投げたらその時点までの1の目が出た相対頻度を記録していく．

　例えば，ある人の試行では，100回までの相対頻度の記録は次のようになった．

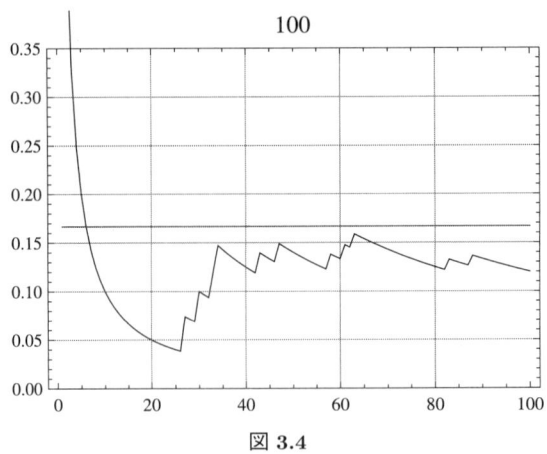

図 3.4

これでは $\frac{1}{6}$ に近くなっていくように見えない．そこで，投げる回数を 1000 回まで増やして，その間の相対頻度の変化をグラフに表すと次のようになる．1 人の結果ではなんとも言えないので，4 人の結果を示しておく．

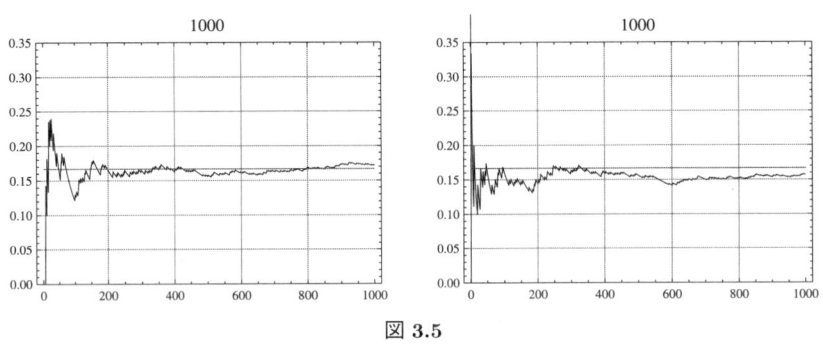

図 3.5

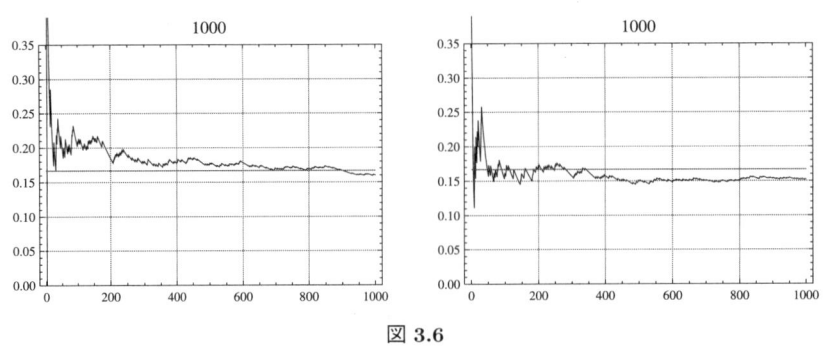

図 3.6

まだまだなかなか $\frac{1}{6}$ にきれいに近づいていくとは限らない．さらに回数を増やし，10000 回，100000 回の例も示しておく．

ここまで来ると，1 人で投げた結果においても「多数回投げれば 1 の目の出る相対頻度は $\frac{1}{6}$ に近づく」ということが実感できよう．詳しくは第 14 章「大数の法則」を読んでほしい．

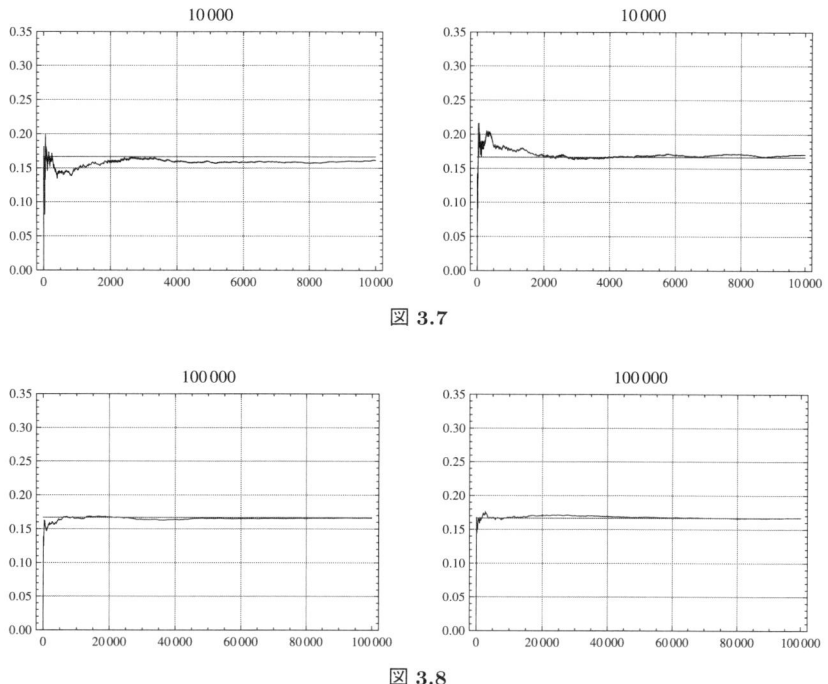

図 3.7

図 3.8

3.3 弱法則と強法則の関係

弱法則は投げる回数を 10 倍，10 倍と増やしていけば失敗することはない．必ず，10 人の相対頻度の差は小さくなっていく．

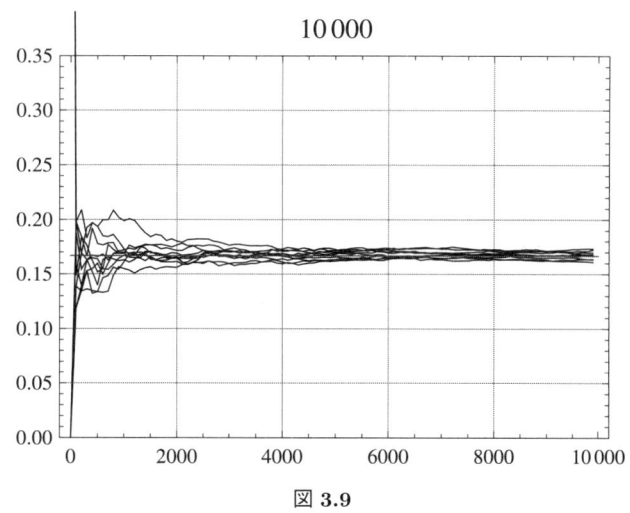

図 3.9

これに対して，強法則は見てわかるように，多数回に増やしても必ず $\frac{1}{6} = 0.166666\ldots$ に近くなっていくわけではない．近くなったと見えるとまた離れていくことが多い．

弱法則と強法則の関係を見るには，10 人の強法則を図 3.9 のように同時に図示してみればよい．

このグラフで, 10回, 100回, 1000回の違いを縦に見れば次第に幅が狭くなっていく. これが弱法則であった. 図3.10のようにさらに回数を増やせば強法則では一人一人の変化は一直線に $\frac{1}{6}$ に近づいていかないが, 10人合わせれば確実に $\frac{1}{6}$ に近づいていくことがわかる.

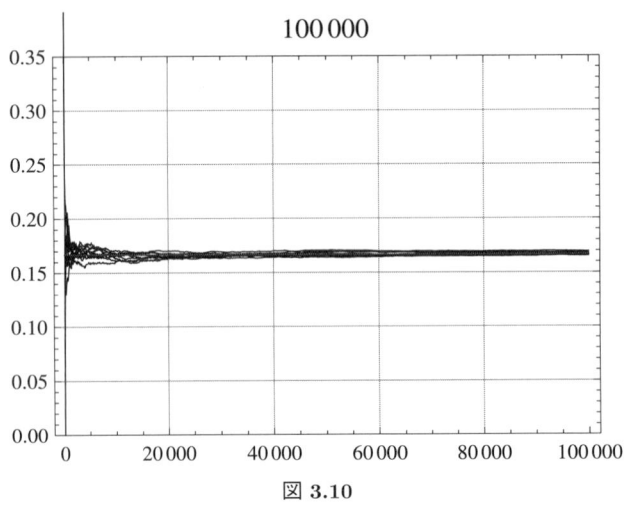

図 3.10

第3章　演習問題

(1) 偶然現象と必然現象の違いを述べよ.
(2) 偶然現象における弱法則についてわかりやすく説明せよ.
(3) 偶然現象における強法則についてわかりやすく説明せよ.
(4) 偶然現象の弱法則と強法則はどのような関係があるか説明せよ.
(5) 相対頻度の安定性と確率の関係を説明せよ.

第4章　確率の基本法則

4.1　確率の意味の転化

相対頻度

　現実の偶然現象において，確率が考えられるのは，多数回の試行においてある事象 A の起きる相対頻度が，試行の回数を多くしていけば次第に安定していくことが前提である．

　このことは，確率を考えるとき常に多数回の試行を行わなければならないという意味ではない．1回の試行しか行わない場合であっても，確率を想定するには，もし多数回行なったら相対頻度がどのように安定していくかが思考の前提としてなければならないという意味である．

特殊な，等確率，構成比率

　サイコロ投げ，硬貨投げ，トランプ引き，など，多くのゲームが当てはまる．サイコロ投げの例で考えれば，サイコロを投げたとき，目の出方は，⚀ ⚁ ⚂ ⚃ ⚄ ⚅ の6通りがある．

　多数回の試行によって，どの目についてもその目が出る相対頻度は等しくなっていくことが確認できる．そうすれば，相対頻度の全体は1なので，この値を6個に平等に分配することになり，どの目の相対頻度も $\frac{1}{6}$ になることがわかる．

　つまり，目の出方が6通りあり，どの目の出る確率も等しければ，$1 \div 6 = \frac{1}{6}$ が等しい確率となる．

　10本のくじの中に当たりくじが3本入っている場合，どのくじの引かれる確率も等しければ，当たりくじの確率は，$\frac{1}{10} \times 3 = \frac{3}{10}$ となる．この値は，10本の中に占める当たりくじの割合，構成比率にほかならない．

　これが，高校の教科書の「確率の定義」になっているのである．「n 通りの出方があり，全てが同様に確からしいとき，事象 A に当てはまる場合が r 通りあれば，事象 A の起きる確率を，$\frac{r}{n}$ と定める．」というのである．

　しかし，この定義は，偶然現象ということも，多数回の試行ということも言わず，単に比率として定義出るとしているので，確率の定義としては極めて不十分である．一番の問題は，このような n 通りが等しい確率になる場合だけとは限らないことである．確率をこのように「場合の数の比率」で定義しておきながら，練習問題では，「画鋲を投げる時の問題」「野球選手がヒットを打つ確率」「男子と女子の出生確率」など，当確率ではない問題をこっそり入れていることは大きな問題である．

予測の量，可能性の量

　確率の値としては，等確率か等確率でないかの2通りである．確率の意味，使われ方としてはいろいろありうる．

　確率は多数回の試行における相対頻度の安定していく値ではあるが，過去の記録を表現する

にとどまらない．何のために記録するかといえば，これからの予測に役立てるためである．

これからサイコロを投げるにあたって，1の目が出て欲しい．「1の目が出る」と予測したいがどのくらいの可能性があるだろうか？ というときに，確率の値を使う．その意味は，「多数回投げればほぼ $\frac{1}{6}$ の割合で1の目が出る」からである．

「相対頻度」が，「予測の量」，「可能性を表す量」に転化するのである．これまでの結果，これまで得られている知見をもとにして将来の，これから起きることへの予測を表す数値として確率が使われるのである．

主観確率と客観確率

確率とは何か？ という課題に対して哲学的な考え方の整理として，主観確率と客観確率の2つがある，という説明をする場合がある．

主観確率というのは，つぎのようなことである．ある人が今からサイコロを投げるとき，「1の目が出るか」「1の目が出ないか」の2通りしかなく，そのどちらが起きるかはやってみないとわからない．この人は

「私はどちらの確率も $\frac{1}{2}$ であると考える」

と言うのである．

「月にうさぎがいるかいないかも，どちらかわからないのであるから $\frac{1}{2}$ である」

とする．

このように，客観的に実験結果と対比させるのでなく，個人によって基準が異なる判断である場合も容認するような概念が主観確率なのである．

このような確率でもコルモゴロフの確率の公理を満たすから確率なのだ，という主張がされることがある．しかし，哲学的に考えようが数学的に考えようが，偶然現象の事実と対比できないような確率の概念は科学ではない．現実の自然や社会に存在する法則や規則性を扱うのが科学なのであり，確率とて例外ではない．

4.2 確率論の道具立て

確率論を展開するにあたり，確率論の基礎を確認しておかなければならない．
- 偶然現象が前提となる．
- 多数回の試行が前提となる．
- 試行の結果起きることがらを**事象**という．これ以上分解できないという事象として，**根元事象** ω を設定する．ω の全体を，Ω と表し，**標本空間**という．
- 多数回の試行においてある事象 A が起きる相対頻度は次第に安定していき，安定していった相対頻度を事象 A の起きる確率といい，$P(A)$ と表す．
- 確率が考えられるような事象 A を集めて，**事象の集合族 (集合体)** といい，$\mathcal{F}$ と表す．$\mathcal{F}$ は Ω の部分集合のある1つの集まりであって，$\Omega \in \mathcal{F}$ で，それに含まれる2つの集合の和，積，ならびに差がまたその族に含まれる．
- 集合 A と B の積を $A \cap B$ または AB で表し，和を $A \cup B$，差を $A - B$ で表す．
- 集合 A の補集合 $\Omega - A$ を $\overline{A}$ または，A^C で表す．空集合を ϕ で表す．集合 A と B が共通部分をもたない $(AB = \phi)$ ならば，和 $A \cup B$ は $A + B$ とも表し，直和という．

- 相対頻度の安定性を基礎にして，次の性質が成り立つことが確かめられる．
- $\mathsf{P}(A)$ は非負の実数で，$\mathsf{P}(\Omega) = 1$ となる．
- A と B とが共通の要素をもたないとき，

$$\mathsf{P}(A+B) = \mathsf{P}(A) + \mathsf{P}(B) \tag{4.1}$$

が成り立つ．

- $(\Omega, \mathcal{F}, \mathsf{P})$ を総称して，**確率空間**という．

以上の確率の基本性質は，コルモゴロフが確率の公理として掲げた性質を含んでいる．「「公理」は証明されない大前提」ではなく，相対頻度を基礎にして証明できる基本性質であるというのが本書の立場である．

4.3 確率空間の例

サイコロ投げの場合の確率空間は，次のような構成になる．

1. 根元事象 ω は，

$$\omega_1 = \boxed{\cdot} \tag{4.2}$$

$$\omega_2 = \boxed{\because} \tag{4.3}$$

$$\omega_3 = \boxed{\therefore} \tag{4.4}$$

$$\omega_4 = \boxed{::} \tag{4.5}$$

$$\omega_5 = \boxed{:\cdot:} \tag{4.6}$$

$$\omega_6 = \boxed{:::} \tag{4.7}$$

である．

2. 標本空間 Ω は，

$$\Omega = \{\omega_1, \omega_2, \omega_3, \omega_4, \omega_5, \omega_6\} \tag{4.8}$$

となる．

3. 確率事象の族 $\mathcal{F}$ は，Ω のすべての部分集合である．
4. 根元事象の確率はすべて $\frac{1}{6}$ とする．

$$\mathsf{P}(\omega_1) = \mathsf{P}(\omega_2) = \mathsf{P}(\omega_3) = \mathsf{P}(\omega_4) = \mathsf{P}(\omega_5) = \mathsf{P}(\omega_6) = \frac{1}{6} \tag{4.9}$$

簡潔に，一番重要な部分をまとめて，確率空間として次のような表で表すとよい．

表 4.1 サイコロ投げの確率空間

根元事象 ω	⚀	⚁	⚂	⚃	⚄	⚅
確率 $\mathsf{P}(\omega)$	$\frac{1}{6}$	$\frac{1}{6}$	$\frac{1}{6}$	$\frac{1}{6}$	$\frac{1}{6}$	$\frac{1}{6}$

4.4 確率の和の法則の拡張

確率事象 A, B が次のような関係にある場合，$\mathsf{P}(A)$, $\mathsf{P}(B)$, $\mathsf{P}(A \cap B)$, $\mathsf{P}(A \cup B)$ の間の関係を調べる．

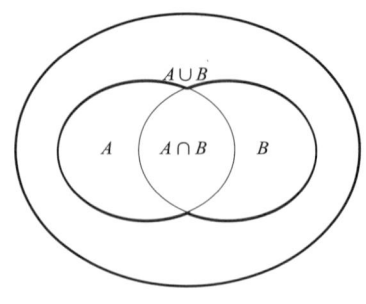

図 4.1

P($A \cup B$) の確率を表すのに，P(A) と P(B) を加えると，重なってしまう．P($A \cap B$) の部分が 2 重に足されてしまう．そこでこの部分を除くとちょうどよい．

$$P(A \cup B) = P(A) + P(B) - P(A \cap B) \tag{4.10}$$

これを，**確率の和の法則**という (図 4.1)．

この式は移項して次のように表してもよい．

$$P(A \cap B) = P(A) + P(B) - P(A \cup B) \tag{4.11}$$

この式を使うと次のような問題が解ける．

[例題 1]

ある大都市で，ある世帯をランダムに選んだとき，その世帯が朝日新聞を取っている確率が 0.32 であり，読売新聞を取っている確率が 0.26 である．朝日新聞と読売新聞のどちらかを取っている世帯は確率 0.56 である．このとき，朝日新聞も読売新聞も両方取っている世帯の確率はどのくらいか？

この場合，「ランダムに世帯を選んだとき朝日新聞を取っている世帯が選ばれる確率」は，その都市において，朝日新聞を取っている世帯の割合と同じ数値である．見方が多少異なるだけである．

[解] 朝日新聞を取っているという事象を A，読売新聞を取っているという事象を B と表すと，次の事実が与えられている．P(A) = 0.32, P(B) = 0.26, P($A \cup B$) = 0.56

これから求めたい値は，P($A \cap B$) である．先に求めた式に代入すればよい．

$$P(A \cap B) = P(A) + P(B) - P(A \cup B) = 0.32 + 0.26 - 0.56 = 0.02 \tag{4.12}$$

3 つの事象が関係する場合は図 4.2 のようになる．

この場合の和の法則 (包除原理ともいう) は次のようになる．

$$P(A \cup B \cup C) = P(A) + P(B) + P(C)$$
$$- P(A \cap B) - P(B \cap C) - P(C \cap A) + P(A \cap B \cap C) \tag{4.13}$$

この式を変形した様々な式が成り立つ．形式的な計算練習をしておこう．

確率についての和の法則は，集合についての個数や，図形の面積の関係式と同様である．

集合 A の要素の個数を $N(A)$ で表すと，次の式が成り立つ．

$$N(A \cup B) = N(A) + N(B) - N(A \cap B) \tag{4.14}$$

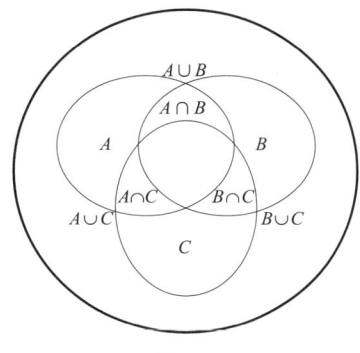

図 4.2

平面図形 A の面積を $m(A)$ で表すと次の式が成り立つ．

$$m(A \cup B) = m(A) + m(B) - m(A \cap B) \tag{4.15}$$

[例題 2]

$\mathsf{P}(A \cup B \cup C) = 0.79$, $\mathsf{P}(A) = 0.34$, $\mathsf{P}(B) = 0.36$, $\mathsf{P}(C) = 0.37$, $\mathsf{P}(A \cap B) = 0.06$, $\mathsf{P}(B \cap C) = 0.12$, $\mathsf{P}(C \cap A) = 0.12$, のとき，$\mathsf{P}(A \cap B \cap C)$ の値を求めよ．

[解] 前の式を移項して変形する．

$$\begin{aligned}\mathsf{P}(A \cap B \cap C) &= \mathsf{P}(A \cup B \cup C) - \mathsf{P}(A) - \mathsf{P}(B) - \mathsf{P}(C) \\ &\quad + \mathsf{P}(A \cap B) + \mathsf{P}(B \cap C) + \mathsf{P}(C \cap A) \\ &= 0.79 - 0.34 - 0.36 - 0.37 + 0.06 + 0.12 + 0.12 = 0.02\end{aligned} \tag{4.16}$$

先の例題にならって，実際の社会での問題を作ることは読者に任せよう．例えば朝日新聞，読売新聞，毎日新聞，とすればよい．図書館などの公共施設を入れれば 3 紙を取っているところもあるだろうから．

第 4 章　演習問題

(1) 確率の値は，どうして，説明せよ．
(2) $\mathsf{P}(A) = 0.3$, $\mathsf{P}(B) = 0.5$, $\mathsf{P}(A \cap B) = 0.1$ のとき，次の確率を求めよ．
   (a) $\mathsf{P}(A^C)$
   (b) $\mathsf{P}(B^C)$
   (c) $\mathsf{P}(A \cup B)$
   (d) $\mathsf{P}((A \cup B)^C)$
(3) ある大都市で，読売新聞を購読している世帯の割合が 0.2, 毎日新聞を購読している世帯が 0.3, 両方とも購読している世帯が 0.01 であるとき，読売新聞か毎日新聞のどちらかを購読している世帯の割合を求めよ．
(4) ある小学校の生徒で，水泳で 50 m 泳げる生徒の割合を調べたところ次のようになっていた．(数字自体はいい加減である) $\mathsf{P}(自由形) = 0.42$, $\mathsf{P}(背泳ぎ) = 0.53$, $\mathsf{P}(平泳ぎ) = 0.22$, $\mathsf{P}(自由形 \cap 背泳ぎ) = 0.15$, $\mathsf{P}(背泳ぎ \cap 平泳ぎ) = 0.13$, $\mathsf{P}(平泳ぎ \cap 自由形) = 0.12$, $\mathsf{P}(自由形 \cup 背泳ぎ \cup 平泳ぎ) = 0.9$.

(a) 3種目いずれでも泳げる生徒の割合 P(自由形 ∩ 背泳ぎ ∩ 平泳ぎ) を求めよ．

(b) どの種目でも泳げない生徒の割合を求めよ．

(5) 普通の硬貨を投げる試行に対応する確率空間を示せ．

(6) 赤玉が 3 個，青玉が 4 個，黄色い玉が 5 個入った壺がある．この壺から 1 個の玉をランダムに取り出す．ただし，どの玉も当確率で取り出されるとする．

(a) 次の色の玉が取り出される確率を求めよ．

　　i) 赤玉　　ii) 青玉　　iii) 黄色い玉

(b) この場合の試行に対応する確率空間を示せ．

第5章 条件付き確率と乗法定理

5.1 1回目と2回目の条件付き確率

「条件付き確率」の概念で最もわかりやすいのは，次のように2度続けて試行する場合である．次の図のように，白玉2個，黒玉5個入った壺から，1個の玉を取り出す．

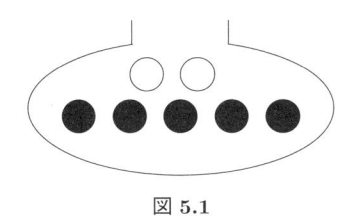

図 5.1

ここで，取り出した玉を元に戻さないで，もう一つの玉を取り出す．一般に，非復元抽出という．

そのとき，白玉が取り出される確率，黒玉が取り出される確率を考えようというのである．はじめに取り出した玉が白玉であったとき，壺の中は次のように変化している．

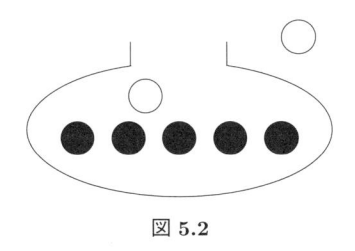

図 5.2

1回目取り出した玉が黒玉であった時は壺は次のようになっている．

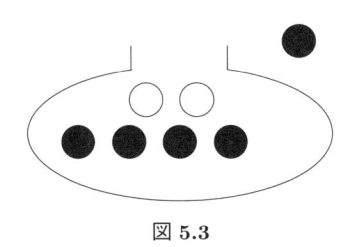

図 5.3

2回目に取り出した玉が白玉か黒玉かの確率は，1回目に取り出した玉が白玉か黒玉かで異なってくる．

「2回目に白玉が取り出される確率」は，「1回目に取り出した玉が白玉である場合は，次のよ

うに表して，その確率は次のようになる．

$$\mathsf{P}_{白玉}(白玉) = \frac{1}{6} \tag{5.1}$$

これを，「1回目に白玉が取り出されたという条件での，2回目に白玉が取り出される，**条件付き確率**」という．

同様に，「1回目に白玉が取り出されたという条件での，2回目に黒玉が取り出される，条件付き確率」
は，$\mathsf{P}_{白玉}(黒玉) = \frac{5}{6}$ となり，

「1回目に黒玉が取り出されたという条件での，2回目に白玉が取り出される，条件付き確率」
は，$\mathsf{P}_{黒玉}(白玉) = \frac{2}{6} = \frac{1}{3}$ となり，

「1回目に黒玉が取り出されたという条件での，2回目に黒玉が取り出される，条件付き確率」
は，$\mathsf{P}_{黒玉}(黒玉) = \frac{4}{6} = \frac{2}{3}$ となる．

5.2 乗法定理

さて，壺から非復元抽出をする過程において，「1回目に白玉，2回目も白玉」という事象の確率を考えてみよう．多数回の試行の結果が基礎になる．白玉を「1」，黒玉を「0」で表してある．

表 5.1 非復元抽出の 20 回の試行例

| 1回目の結果 | 1 | 0 | 1 | 1 | 0 | 1 | 1 | 0 | 1 | 0 | 0 | 0 | 0 | 0 | 0 | 0 | 0 | 0 | 1 | 1 |
| 2回目の結果 | 0 | 0 | 0 | 0 | 1 | 0 | 0 | 0 | 0 | 0 | 0 | 0 | 0 | 0 | 0 | 1 | 0 | 0 | 1 | 0 |

1回目に白玉，1が出た場合が，20回中8回あった．「1回目に白玉が出た相対頻度」は，$\frac{8}{20} = 0.4$ であった．試行の回数を増やせば，確率 $\frac{2}{7} = 0.2857\cdots$ に近づいていく．

この8回だけに注目し，その中で2回目に白玉，1が出ているのが，1回だけある．8回の中での相対頻度は，$\frac{1}{8} = 0.125$ である．この相対頻度は，試行の回数を増やせば，$\frac{1}{6}$ に近くなっていく．

ここで，「1回目に白玉，2回目も白玉」となる確率を考えてみよう．

20回やってみた上の例で見れば，20回中1回だけである．その相対頻度は，$\frac{1}{20} = 0.05$ である．試行の回数を増やして行ったとき，この相対頻度はどのような値に近づいていって確率となるのだろうか？

それには，「1回目に白玉，2回目も白玉」の相対頻度を2つに分解して考えればよい．「1回目に白玉」が $\frac{8}{20}$ の相対頻度で起こり，その中で，「2回目が白玉」が $\frac{1}{8}$ の相対頻度で起きている．

$$\begin{aligned}
&(白玉，白玉) \text{の相対頻度}\\
&= (1回目白玉の相対頻度) \times (1回目白玉のとき 2回目白玉の相対頻度)\\
&= \frac{8}{20} \times \frac{1}{8} = \frac{1}{20}
\end{aligned} \tag{5.2}$$

試行の回数が増えていくと，これが次のような確率の関係式に転化していく．

$$\mathsf{P}(1回目白かつ 2回目白) = \mathsf{P}(1回目白) \times \mathsf{P}(1回目白の条件下で 2回目白)$$

$$= \frac{2}{7} \times \frac{1}{6} = \frac{1}{21} \tag{5.3}$$

以上を記号を使って表しておこう．$A = \{1\text{回目白玉}\}$，$B = \{2\text{回目白玉}\}$ と置くと，次のように表せる．

$$\mathsf{P}(A \cap B) = \mathsf{P}(A) \times \mathsf{P}_A(B) \tag{5.4}$$

A かつ B の確率は，A の確率に，A の元での B の条件付き確率をかけて得られる．

この関係式を，**乗法定理**という．

「1回目白玉かつ2回目白玉の確率」と，「1回目に白玉という条件下での2回目に白玉の確率」は，間違いやすいので十分注意する必要がある．

5.3 情報が与えられた場合の条件付き確率

わかりやすく，サイコロ投げの例で，情報が与えられた場合の条件付き確率を扱おう．

サイコロを投げて，その結果を知っている人が，「偶数の目が出ているよ」と教えてくれた．「出た目が3以下である確率」を考えてみよう．

もちろん，結果は決まっているので，「3以下」か「3以下でない」かのどちらかである．

このような場合に確率を考えるのは，予測の量，可能性を表す量としてである．その確率の数値を考えるにはやはり「多数回の試行」が前提になる．

100回投げたとして，その中の54回が偶数，46回が奇数であったとする．偶数の54回の中には，「2，4，6」の3通りが含まれている．「3以下」の場合というのは，2だけである．「2，4，6」の3通りがほぼ同じ相対頻度で現れるので，この中で「2」の目がでる相対頻度は，$\frac{1}{3}$ となる．

これは，「偶数」が3通りどれも等確率で起きる．「3以下」はその中の1通りであるから，確率は，$\frac{1}{3}$ となる，と考えてもよい．

この確率が，「偶数という情報を与えられたときの，3以下の目が出る条件付き確率」となる．$A =$「2，4，6」，$B =$「3以下」，とすると，乗法定理 $\mathsf{P}(A \cap B) = \mathsf{P}(A) \times \mathsf{P}_A(B)$ はそのまま成り立つ．

5.4 条件付き確率の一般的定義

確率の一般的展開として，確率の基本性質から条件付き確率を定めるには，乗法定理の関係式を拡大解釈し，乗法定理を変形した次の式で定めることができる．

$$\mathsf{P}_A(B) = \frac{\mathsf{P}(A \cap B)}{\mathsf{P}(A)} \tag{5.5}$$

条件付き確率をこのように定義すると，乗法定理 $\mathsf{P}(A \cap B) = \mathsf{P}(A) \times \mathsf{P}_A(B)$ は，定義の式の分母を払うだけの変形なので，ほとんど自明のこととなる．

5.5 試行の独立・事象の独立と乗法定理

壺から玉を取り出す試行の場合，1回目に取り出した玉を元に戻してから2回目を引くことにすると，1回目の壺の状態と2回目を引くときの壺の状態は全く変化がない．

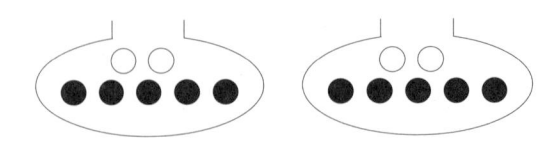

図 5.4

壺の状態に変化がないので1回目でも2回目でも，白玉，黒玉の取り出される確率にも変化がない．

このようなときには，1回目の試行と2回目の試行は，独立であるという．硬貨を2回投げるときも，サイコロを何回か振るときも，毎回の試行は独立である．

1回目の試行の結果が白玉であっても，黒玉であっても，2回目に白玉が取り出される確率は変化がなく，$\frac{2}{7}$ である．

$$\mathsf{P}(2回目白玉) = \mathsf{P}_{(1回目白玉)}(2回目白玉) = \mathsf{P}_{(1回目黒玉)}(2回目白玉) = \mathsf{P}(1回目白玉) \quad (5.6)$$

$A = (1回目白玉)$，$B = (2回目白玉)$，と置くと，次のように表せる．

$$\mathsf{P}(B) = \mathsf{P}_A(B) = \mathsf{P}_{A^c}(B) \quad (5.7)$$

ここで，事象 A と事象 B は独立である．

試行の独立から，1回目，2回目という段階がない，単に情報が与えられたか否かの条件付き確率でも，

$$\mathsf{P}(B) = \mathsf{P}_A(B) = \mathsf{P}_{A^c}(B) \quad (5.8)$$

が成り立つ場合には A と B は独立であるといえる．このような場合に，**事象の独立**という．

例えば，サイコロ投げの場合，$A = (偶数)$，$B = (5以上)$ とすると，$\mathsf{P}(B) = \frac{2}{6} = \frac{1}{3}$，$\mathsf{P}_A(B) = \frac{1}{3}$，$\mathsf{P}_{A^c}(B) = \frac{1}{3}$ が成り立っているので，$A = (偶数)$ と $B = (5以上)$ は独立であるといえる．2つの事象が独立かどうかわかりにくい場合もあり，その場合は上の式が成り立つかどうかで判断することになる．

$A = (偶数)$ と $B = (5以上)$ が独立であるとき，乗法定理は次のようになる．

$$\mathsf{P}(A \cap B) = \mathsf{P}(A) \times \mathsf{P}(B) \quad (5.9)$$

[例題 1]

壺の中に図のように当たり (白玉) 3個とはずれ (黒玉) 4個が入っている．どれも等しい確率で取り出されるとする．1回目を取り出したあと，元に戻さないで2度目を引くとする．このとき，次の確率を求めよ．

(1) 1回目に「当たり」を取り出す確率
(2) 1回目に「はずれ」を取り出す確率
(3) 1回目に「当たり」を取り出したとき，2回目に「当たり」を取り出す確率
(4) 1回目に「当たり」を取り出したとき，2回目に「はずれ」を取り出す確率
(5) 「1回目に「当たり」を取り出し，なおかつ2回目「当たり」を取り出す」確率
(6) 「1回目に「当たり」を取り出し，なおかつ2回目「はずれ」を取り出す」確率

[解] (1) 7個が当確率であるから，どの玉も確率 $\frac{1}{7}$ で取り出される．「当たり (白玉)」は3個あるので，求める確率は $\frac{3}{7}$ となる．

(2)「はずれ」は，7 個の中 4 個であるから，$\frac{4}{7}$．

(3)「1 回目に当たり」が取り出されているから，残りは当たり (白玉) 2 個，はずれ (黒玉) が 4 個になっている．この状態で当たりが取り出される条件付き確率は，$\frac{2}{6}=\frac{1}{3}$ となる．

(4) 1 回目が「当たり」という条件で，2 回目にはずれを取り出す確率は，$\frac{4}{6}=\frac{2}{3}$ となる．

(5) 乗法定理により，「1 回目当たりの確率」に，「1 回目当たりの条件での 2 回目当たりの条件付き確率」をかけて得られる．$\frac{3}{7} \times \frac{2}{6} = \frac{1}{7}$．

(6) 乗法定理により，「1 回目当たりの確率」に，「1 回目当たりの条件での 2 回目はずれの条件付き確率」をかけて得られる．$\frac{3}{7} \times \frac{4}{6} = \frac{2}{7}$．

[例題 2]

普通のサイコロを 3 回投げたとき，次の確率を求めよ．

(1) 1 回目に，偶数が出る確率
(2) 2 回目に，3 以上の目が出る確率
(3) 3 回目に，1 の目がでない確率
(4)「1 回目に 3 の目，2 回目に偶数，3 回目に 6 以外」となる確率
(5) 3 回とも 4 の目が出る確率
(6) 3 回とも奇数が出る確率

[解] (1) 普通のサイコロはどの目が出る確率も等しく $\frac{1}{6}$ であり，偶数の目はそのうち 3 つあるので，$\frac{1}{6} \times 3 = \frac{3}{6} = \frac{1}{2}$ となる．

(2) 毎回の試行は独立であるから，「1 回目に投げて 3 以上の目」と同じ確率であり，3 通りあるから，$\frac{3}{6} = \frac{1}{2}$ となる．

(3) 毎回の試行が独立であるから，「1 回投げて 1 の目が出ない確率」を求めればよい．余事象の確率は 1 から確率を引けばよいので次のように計算する．

$$1 - \mathsf{P}(1) = 1 - \frac{1}{6} = \frac{5}{6} \tag{5.10}$$

(4) 独立な試行の場合の乗法定理を使い，

$\mathsf{P}(1 \text{ 回目に } 3 \text{ の目}, 2 \text{ 回目に偶数}, 3 \text{ 回目に } 6 \text{ 以外})$

$= \mathsf{P}(1 \text{ 回目に } 3 \text{ の目}) \times \mathsf{P}(2 \text{ 回目に偶数の目}) \times \mathsf{P}(3 \text{ 回目に } 6 \text{ 以外の目})$

$$= \frac{1}{6} \times \frac{3}{6} \times \frac{5}{6} = \frac{5}{72} \tag{5.11}$$

(5) 独立な試行の場合の乗法定理を使い，

$\mathsf{P}(1 \text{ 回目に } 4 \text{ の目}, 2 \text{ 回目に } 4 \text{ の目}, 3 \text{ 回目に } 4 \text{ の目})$

$= \mathsf{P}(1 \text{ 回目に } 4 \text{ の目}) \times \mathsf{P}(2 \text{ 回目に } 4 \text{ の目}) \times \mathsf{P}(3 \text{ 回目に } 4 \text{ の目})$

$$= \frac{1}{6} \times \frac{1}{6} \times \frac{1}{6} = \frac{1}{216} \tag{5.12}$$

(6) 独立な試行の場合の乗法定理を使い，

$\mathsf{P}(1 \text{ 回目に奇数の目}, 2 \text{ 回目に奇数の目}, 3 \text{ 回目に奇数の目})$

$= \mathsf{P}(1 \text{ 回目に奇数の目}) \times \mathsf{P}(2 \text{ 回目に奇数の目}) \times \mathsf{P}(3 \text{ 回目に奇数の目})$

$$= \frac{3}{6} \times \frac{3}{6} \times \frac{3}{6} = \left(\frac{1}{2}\right)^3 = \frac{1}{8} \tag{5.13}$$

第 5 章 演習問題

(1) 次の絵のように，白玉が 5 個，黒玉が 3 個入った壺がある．

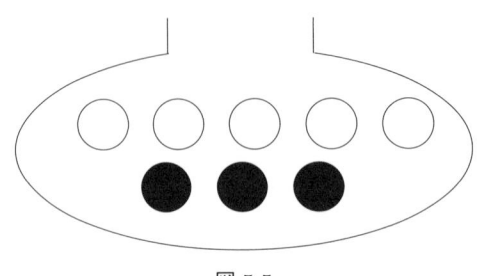

図 5.5

この壺から 1 つの玉をランダムに取り出す．どの玉も当確率で取り出されるとする．このとき次の確率を求めよ．
  (a) 白玉が取り出される確率 P(白玉)
  (b) 黒玉が取り出される確率 P(黒玉)
(2) (1) と同じ設定で，1 つの玉を取り出したあと，それを元に戻さないでもう 1 つの玉を取り出すとき，次の確率を求めよ．
  (a) 1 回目が白玉であったという条件で，2 回目が白玉である，条件付き確率 $P_{(白玉)}(白玉)$
  (b) 1 回目が白玉であったという条件で，2 回目が黒玉である，条件付き確率 $P_{(白玉)}(黒玉)$
  (c) 1 回目が黒玉であったという条件で，2 回目が白玉である，条件付き確率 $P_{(黒玉)}(白玉)$
  (d) 1 回目が黒玉であったという条件で，2 回目が黒玉である，条件付き確率 $P_{(黒玉)}(黒玉)$
  (e) 「1 回目も 2 回目も白玉」である確率
  (f) 「1 回目白玉，2 回目黒玉」である確率
  (g) 「1 回目も 2 回目も黒玉」である確率
  (h) 「1 回目黒玉，2 回目白玉」である確率

第 I 部　確率編

第6章　ベイズの定理

これは条件付き確率の一種であるが，わかりやすいのは，2段階のステップがある試行において，2段階目の結果から1段階目の確率を考えて計算するというパターンである．

6.1　事後確率を事前確率から計算する

次の例で進めよう．図のように，2つの壺 A と B があり，それぞれ白玉と黒玉が入っている．それらが大きな壺に入っている．

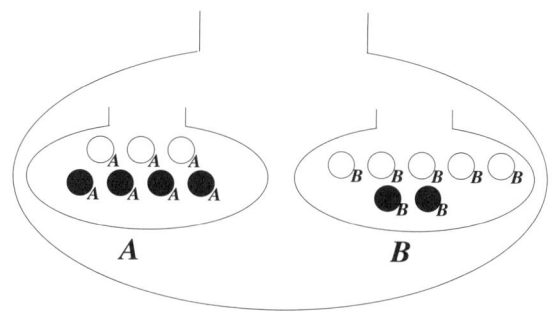

図 6.1

大きな壺からどちらかの壺を選択する．硬貨を投げて表が出たら A の壺から玉を一つ取り出す．硬貨を投げて裏が出たら B の壺から玉をひとつ取り出す．どちらの壺が選択されるかは，確率 $\frac{1}{2}$ で決まっていることになる．

白玉と黒玉に，どちらのツボの玉かがわかるように，A, B のマークがしてある．「どちらかの壺を選びその壺から玉を取り出した結果，それが白玉だったとき，その玉が A の壺から取り出された玉である確率はどのくらいか」を考える．

この計算を知るため，理解するためには，多数回の試行をしてみることである．例えば，100回の試行の結果は次のようになる．壺 A の白玉を A1，壺 A の黒玉を A0，壺 B の白玉を B1，壺 B の黒玉を B0，と表している．

B1,A0,B1,A0,A1,B1,B1,B1,A0,A1,B0,A0,B1,A0,A1,B0,A1,B0,A0,A1,
B0,B0,A1,A1,A0,A0,A1,A0,A1,A1,B1,A0,B1,B0,A1,A0,A0,A0,B1,B0,
B1,A0,A1,A0,A0,A1,B1,A0,B1,A0,B1,A0,B1,A1,B1,B1,A0,B1,A0,A0,
B0,A1,B0,A1,B1,B0,A0,B0,B1,A0,A0,B0,B0,B0,A0,B1,A0,B0,A0,B1,
A0,A0,A0,A0,A1,B0,A1,B1,A0,A0,B0,B1,A1,A0,A1,A1,B1,B1,B0,B1

取り出した玉が「白玉であった」ということは，上の例でいえば，A1, B1 が含まれる．取り出すと次のようになる．

B1,B1,A1,B1,B1,B1,A1,B1,A1,A1,A1,A1,A1,A1,A1,A1,B1,B1,A1,B1,
B1,A1,A1,B1,B1,B1,B1,A1,B1,B1,B1,A1,A1,B1,B1,B1,B1,A1,A1,B1,

B1,A1,A1,A1,B1,B1,B1

この 47 個の白玉の中で，A の壺から取り出された白玉が，A1 で，この場合が，21 通りある．B の壺から取り出された白玉が，B1 で，この場合が 26 通りある．

この例のような場合，「白玉が取り出された中で，A の壺から取り出された相対頻度」は次のようになる．

$$\frac{21}{47} = \frac{A の壺の白玉の回数}{白玉の回数} = \frac{A の壺の白玉の回数}{A の壺の白玉の回数 + B の壺の白玉の回数} \tag{6.1}$$

となる．

この相対頻度を，100 回の中での相対頻度で表すと次のようになる．

$$\frac{21}{47} = \frac{\frac{21}{100}}{\frac{47}{100}} = \frac{\frac{21}{100}}{\frac{21}{100} + \frac{26}{100}} = \frac{\frac{47}{100} \times \frac{21}{47}}{\frac{47}{100} \times \frac{21}{47} + \frac{47}{100} \times \frac{26}{47}}$$

$$= \frac{A の壺の白玉の相対頻度}{白玉の相対頻度}$$

$$= \frac{A の壺の白玉の相対頻度}{A の壺の白玉の相対頻度 + B の壺の白玉の相対頻度}$$

$$= \frac{(A の壺の相対頻度) \times (A の壺が選ばれてその中での白玉の相対頻度)}{(A の相対頻度) \times (A 中で白の相対頻度) + (B の相対頻度) \times (B 中で白の相対頻度)} \tag{6.2}$$

試行の回数が増えれば，相対頻度は確率の値に転化するので，次のようになる．

$$\mathsf{P}_{(白玉が出る)}(A の壺の白玉) = \frac{\mathsf{P}(A の壺が選ばれてかつ白玉が出る)}{\mathsf{P}(白玉が選ばれる)}$$

$$= \frac{\mathsf{P}(A) \times \mathsf{P}_{(A)}(白玉)}{\mathsf{P}(A かつ白玉) + \mathsf{P}(B かつ白玉)}$$

$$= \frac{\mathsf{P}(A) \times \mathsf{P}_{(A)}(白玉)}{\mathsf{P}(A) \times \mathsf{P}_{(A)}(白玉) + \mathsf{P}(B) \times \mathsf{P}_{(B)}(白玉)}$$

$$= \frac{\frac{1}{2} \times \frac{3}{7}}{\frac{1}{2} \times \frac{3}{7} + \frac{1}{2} \times \frac{5}{7}} = \frac{3}{8} \tag{6.3}$$

6.2 ベイズの定理

一般には次の式が成り立つ．

$$\mathsf{P}_X(A) = \frac{\mathsf{P}(A \cap X)}{\mathsf{P}(X)}$$

$$= \frac{\mathsf{P}(A \cap X)}{\mathsf{P}(A \cap X) + \mathsf{P}(A^C \cap X)}$$

$$= \frac{\mathsf{P}(A) \times \mathsf{P}_A(X)}{\mathsf{P}(A) \times \mathsf{P}_A(X) + \mathsf{P}(A^C) \times \mathsf{P}_{A^C}(X)} \tag{6.4}$$

$\mathsf{P}_A(X)$ や $\mathsf{P}_B(X)$ を，**事前確率**，$\mathsf{P}_X(A)$ や $\mathsf{P}_X(B)$ を，**事後確率**と呼ぶ．式 (6.4) を，ベイズの定理という．

一般に，標本空間を排反事象の和で，$\Omega = A_1 + A_2 + \cdots + A_n$ となっているときには次のようになる．

$$\mathsf{P}_X(A_1) = \frac{\mathsf{P}(A_1)\mathsf{P}_{A_1}(X)}{\mathsf{P}(A_1)\mathsf{P}_{A_1}(X) + \mathsf{P}(A_2)\mathsf{P}_{A_2}(X) + \cdots + \mathsf{P}(A_n)\mathsf{P}_{A_n}(X)} \tag{6.5}$$

6.3 ベイズの定理の応用例

[例題 1]

ある病気になっているのではないかと心配して病院に診察に来る人のうち，4%の人が本当にその病気にかかっていたというデータがある．

この病気の診断をするための有効な検査法が開発されていて，この病気になっている人には90%の確率で陽性反応が出る．しかし，この病気にかかっていない人にも15%の人に陽性反応が出てしまうという．

さて，ある人が病気を心配して病院を訪れ，この検査を受けた結果，陽性反応が出た．このとき，この人が本当にこの病気になっている確率はいくらだろうか？

[解] $A = $ (この病気にかかっている) とすると，$A^C = $ (この病気にかかっていない) となる．$X = $ (検査で陽性反応が出る) とする．求める確率は，$\mathsf{P}_X(A)$ である．

ベイズの定理を適用するが，分かっている確率は，$\mathsf{P}(A) = 0.04, \mathsf{P}(A^C) = 0.96, \mathsf{P}_A(X) = 0.9, \mathsf{P}_{A^C}(X) = 0.15$ である．

$$\begin{aligned}\mathsf{P}_X(A) &= \frac{\mathsf{P}(A) \times \mathsf{P}_A(X)}{\mathsf{P}(A) \times \mathsf{P}_A(X) + \mathsf{P}(A^C) \times \mathsf{P}_{A^C}(X)} \\ &= \frac{0.04 \times 0.9}{0.04 \times 0.9 + 0.96 \times 0.15} \\ &= \frac{0.036}{0.18} = 0.2 \end{aligned} \quad (6.6)$$

この結果の解釈としては，病気になっている人の9割は陽性反応が出るが，心配して病院に検査を受けに来る人のほとんどはこの病気にかかっていないので，たとえ陽性反応が出たとしても，本当に病気なのは2割の人しかいないということである．

第6章　演習問題

(1) ある雨が降る夜中11時頃，とある小さな町で交通事故があり，歩行者が重傷をおった．ある人がこの事故を目撃していて，「事故を起こしたのは青い色のタクシーであった」と証言した．当時，この街には青色のタクシーと赤色のタクシーだけが走っていて，青色のタクシーが6割，赤色のタクシーが4割であった．裁判で争点になったのが，この目撃者の証言能力であった．裁判の過程で検証が行われ，その夜と同じ状況で，目撃者に青色のタクシーを見せたところ，正しく判断できたのは8割で2割は赤と判断していた．赤色のタクシーを見せたところ，7割は赤と判断したが，3割は間違えて青と判断することがわかった．

さて，以上のような検証をもとにして，この目撃者の判断「事故を起こしたのは青色のタクシー」という証言が正しい確率はどのくらいか？

(2) 話を簡単にするために，政党は民主党と自民党だけとする．また，有権者は，民主党か自民党のどちらかを支持しているとする．民主党の支持者に，「野田内閣を支持するか」と聞いたところ，7割は支持すると答え，3割は支持しないと答えた．自民党の支持者に「野田内閣を支持するか」と聞いたところ，4割は支持すると答え，6割は支持しないと答えた．

今，ランダムに一人を選んで，「野田内閣を支持しますか」と聞いた．次のような確率を求めよ．

(a) 「野田内閣を支持します」と答えた．この人が民主党支持である確率

(b) 「野田内閣を支持します」と答えた．この人が自民党支持である確率
(c) 「野田内閣を支持しません」と答えた．この人が民主党支持である確率
(d) 「野田内閣を支持しません」と答えた．この人が自民党支持である確率

第7章　二項分布

　普通の硬貨を 10 回投げたとき，表と裏はランダムにいろいろな出方をする．表が出た回数を調べても，5 回の時が多いだろうが，4 回とか 6 回ということも結構あるし，3 回とか 7 回，あるいは 2 回とか 8 回ということだってあり，たまには 0 回とか 10 回ということも稀にではあるが起きるかもしれない．

　「硬貨を 10 回投げたとき，表が 4 回出る確率」等の法則を調べるのがこの章の目的である．

7.1　「10 回硬貨投げ」を多数回試行する実験

　「確率」を問題にするのであるから，「多数回の試行における相対頻度の安定性」を確認する必要がある．

　硬貨を 10 回投げるという試行を多数回実験することが必要である．

　「10 回投げて表の回数を記録する」という実験を，20 回行うと，例えば次のようになる．1 が表を表し，0 が裏を表している．

```
1,0,1,1,1,0,1,1,1,0    1,1,0,0,0,1,0,1,1,0    1,1,0,0,1,1,1,1,1,1    0,1,0,0,0,1,1,1,0,0
0,0,1,0,0,1,1,0,0,0    0,1,1,0,1,0,0,1,0,1    1,1,0,0,0,1,0,1,0,0    0,0,1,0,1,0,1,0,0,1
0,0,1,0,1,0,1,0,0,0    1,0,1,1,0,1,1,0,0,0    0,1,0,0,0,0,0,0,0,1    0,1,1,0,1,1,1,1,0,0
0,1,1,1,0,1,0,0,1,0    1,1,1,0,0,0,1,0,0,0    1,0,0,0,1,1,1,1,0,0    0,0,0,1,0,0,1,0,0,0
1,0,0,0,1,0,1,1,0,0    1,1,0,0,0,0,0,1,0,1    0,0,0,1,1,1,0,0,1,1    1,1,0,0,0,0,0,0,0,0
```

必要なのは，10 回中に表が出た回数であるから，これを集計すると次のようになる．

7,5,8,4,3,5,4,4,3,5,2,6,5,4,5,2,4,4,5,2

10 回中，一番少なかったのが 2 回であり，多かったのが 8 回であった．

もう少し，回数を増やし，「10 回を 100 回行なった結果を示すと次のようになったとする．

```
7,2,4,5,7,2,8,7,7,4,5,7,5,3,5,7,2,5,4,6,5,4,3,6,7,
4,3,7,5,2,5,4,0,5,5,3,4,6,4,4,3,4,4,2,3,8,6,8,1,6,
6,7,7,6,2,6,6,6,5,5,5,3,6,5,6,3,8,6,3,5,5,6,7,7,8,
7,4,3,2,6,6,6,8,7,3,8,2,5,2,5,6,6,3,6,3,4,4,5,8,5,5
```

　この結果をただ眺めていても規則性が見えてこないので，100 回中に表の出た回数を調べてみると表 7.1 のようになっていることがわかる．

表 7.1　硬貨を 10 回投げて表の出た回数の，100 回分の試行結果

10 回投げて表の出る回数	0	1	2	3	4	5	6	7	8	9	10
100 回中の頻度	1	2	9	13	14	21	19	14	8	0	0

　この結果をヒストグラムで表すと図 7.1 のようになる (ヒストグラムについては統計編を参照のこと).

　100 回ではまだ規則性がよくわからないので，1000 回のデータも示しておく．

7. 二項分布

{10, 100}

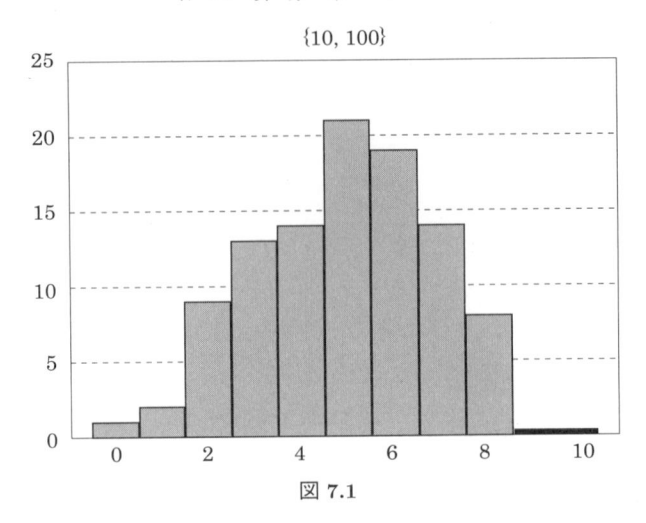

図 7.1

表 7.2 硬貨を 10 回投げて表の出た回数の，1000 回分の試行結果

10 回投げて表の出る回数	0	1	2	3	4	5	6	7	8	9	10
1000 回中の頻度	1	12	50	104	201	250	206	116	53	7	0

この場合のヒストグラムを描いておこう．

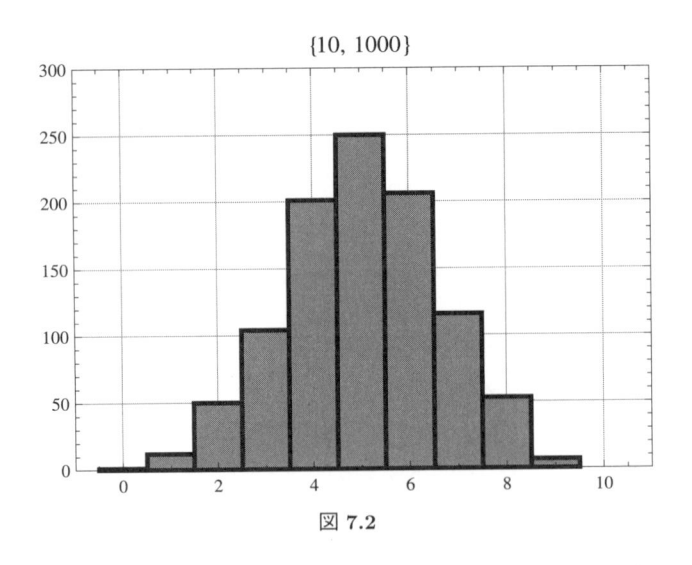

{10, 1000}

図 7.2

このような分布の値を，計算で求めてみよう．

はじめに，硬貨を 10 回投げたとき，次のように表と裏が出る確率を求める．

　　表，裏，表，表，裏，裏，裏，表，裏，裏

毎回，表が出る確率と裏が出る確率はともに $\frac{1}{2}$ である．

独立試行の乗法定理から，上のようになる確率は次のように計算できる．

$$\frac{1}{2} \times \frac{1}{2} \times \cdots \times \frac{1}{2} = \left(\frac{1}{2}\right)^4 \times \left(\frac{1}{2}\right)^6 \tag{7.1}$$

ところが，表と裏の出る順番が異なる，次のような出方も同じ確率になる．

　　裏，裏，裏，表，表，裏，裏，裏，表，表

$$\frac{1}{2} \times \frac{1}{2} \times \cdots \times \frac{1}{2} = \left(\frac{1}{2}\right)^4 \times \left(\frac{1}{2}\right)^6 \tag{7.2}$$

どちらも,「硬貨を10回投げて4回表が出る」という事象に含まれている.したがって,「表が4回出る確率」を求めるには,このような場合が何通りあるかを求めなければならない.

10回の中から,表が出る回数を4回選ぶだけであるから,$_{10}C_4 = \frac{10\cdot 9\cdot 8\cdot 7}{4!} = 210$ だけある.

よって,「10回投げて4回表が出る確率」は次のように求められる.

$$_{10}C_4 \times \left(\frac{1}{2}\right)^4 \times \left(\frac{1}{2}\right)^6 = 210 \times \left(\frac{1}{2}\right)^{10} = \frac{210}{1024} = 0.205078 \tag{7.3}$$

同様に,10回投げて表が0回,1回,2回,3回,5回出る確率は次のように求められる.有効数字6桁で表示してある.

$$_{10}C_0 \times \left(\frac{1}{2}\right)^0 \times \left(\frac{1}{2}\right)^{10} = \left(\frac{1}{2}\right)^{10} = \frac{1}{1024} = 0.000976563 \tag{7.4}$$

$$_{10}C_1 \times \left(\frac{1}{2}\right)^1 \times \left(\frac{1}{2}\right)^9 = 10 \times \left(\frac{1}{2}\right)^{10} = \frac{5}{512} = 0.00976563 \tag{7.5}$$

$$_{10}C_2 \times \left(\frac{1}{2}\right)^2 \times \left(\frac{1}{2}\right)^8 = 45 \times \left(\frac{1}{2}\right)^{10} = \frac{45}{1024} = 0.0439453 \tag{7.6}$$

$$_{10}C_3 \times \left(\frac{1}{2}\right)^3 \times \left(\frac{1}{2}\right)^7 = 120 \times \left(\frac{1}{2}\right)^{10} = \frac{15}{128} = 0.117188 \tag{7.7}$$

$$_{10}C_5 \times \left(\frac{1}{2}\right)^5 \times \left(\frac{1}{2}\right)^5 = 252 \times \left(\frac{1}{2}\right)^{10} = \frac{63}{256} = 0.246094 \tag{7.8}$$

6回以上も同様であるが,これらの確率を表にまとめておこう.小数第4位を四捨五入してある.

表 7.3 硬貨を10回投げて,表の出た回数と確率

表の回数	0	1	2	3	4	5	6	7	8	9	10
その確率	0.001	0.010	0.044	0.117	0.205	0.246	0.205	0.117	0.044	0.010	0.001

これらの確率の値をヒストグラムで表しておく.

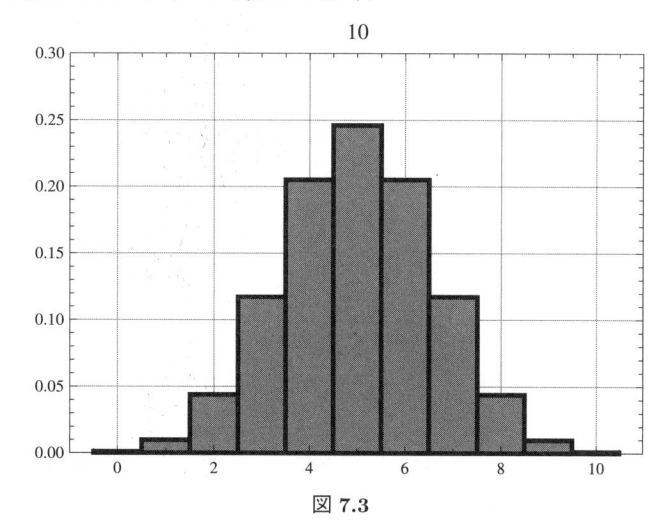

図 7.3

このグラフは，先の，「10 回投げる試行を 1000 回繰り返したときのそれぞれの出た頻度」のグラフとほとんど同じであることがわかる．

10 回投げて表の出る回数とその確率は，10 回投げる試行を，10000 回，100000 回と増やしていけば，計算で得られた結果に近づいていく．

7.2 一般の二項分布

硬貨投げでは，表と裏の出る確率が等しいという特殊な場合であった．ここでは，サイコロを 10 回投げたとき，1 の目，・が出る回数とその確率の関係を調べよう．

1 の目が 3 回出る確率は，硬貨の場合と同様に次の式で求められる．

$$_{10}C_3 \times \left(\frac{1}{6}\right)^3 \times \left(\frac{5}{6}\right)^7 = 120 \times \frac{5^7}{6^{10}} = \frac{390625}{2519424} \fallingdotseq 0.155 \qquad (7.9)$$

一般に，10 回のサイコロ投げで，3 の目が k 回出る確率は次の式で表せる．

$$_{10}C_k \times \left(\frac{1}{6}\right)^k \times \left(\frac{5}{6}\right)^{10-k} \qquad (7.10)$$

さらに一般に，n 回のサイコロ投げで，ある目が r 回出る確率は次の式で表せる．

$$_nC_r \times \left(\frac{1}{6}\right)^r \times \left(\frac{5}{6}\right)^{n-r} \qquad (7.11)$$

このことはサイコロ投げだけでなくあらゆる場合に当てはまる．つまり，1 回の試行で事象 A の起きる確率が，$\mathsf{P}(A) = p$ で，起きない確率が $\mathsf{P}(A^C) = q = 1 - p$ のとき，この試行を独立に n 回行なったとき，事象 A が起きる回数が r となる確率は $B(n, p, k)$ と表し，次の式で表せる．

$$B(n, p, r) = {_nC_r} p^r q^{n-r} \qquad (7.12)$$

回数 r にこの確率を対応させる確率のセットを，**二項分布**という．

[例題 1]

普通のサイコロを 6 回投げるとき，6 の目，⚄が何回出るか，次の確率を求めよ．

(1) 6 の目が 1 回だけ出る確率
(2) 6 の目が 2 回出る確率
(3) 6 の目が 3 回出る確率
(4) 6 の目が 4 回出る確率
(5) 6 の目が 5 回出る確率
(6) 6 の目が 6 回出る確率
(7) 6 の目が一度も出ない確率

[解] (1)

$$\mathsf{P}(6 \text{ の目が } 1 \text{ 回}) = {_6C_1} \times \left(\frac{1}{6}\right)^1 \times \left(\frac{5}{6}\right)^5 = \frac{3125}{7776} = 0.402 \qquad (7.13)$$

(2)

$$\mathsf{P}(6 \text{ の目が } 2 \text{ 回}) = {_6C_2} \times \left(\frac{1}{6}\right)^2 \times \left(\frac{5}{6}\right)^4 = \frac{3125}{15552} = 0.201 \qquad (7.14)$$

(3)
$$P(6\text{ の目が }3\text{ 回}) = {}_6C_3 \times \left(\frac{1}{6}\right)^3 \times \left(\frac{5}{6}\right)^3 = \frac{625}{11664} = 0.0536 \qquad (7.15)$$

(4)
$$P(6\text{ の目が }4\text{ 回}) = {}_6C_4 \times \left(\frac{1}{6}\right)^4 \times \left(\frac{5}{6}\right)^2 = \frac{125}{15552} = 0.00804 \qquad (7.16)$$

(5)
$$P(6\text{ の目が }5\text{ 回}) = {}_6C_5 \times \left(\frac{1}{6}\right)^5 \times \left(\frac{5}{6}\right)^1 = \frac{5}{7776} = 0.000643 \qquad (7.17)$$

(6)
$$P(6\text{ の目が }6\text{ 回}) = {}_6C_6 \times \left(\frac{1}{6}\right)^6 \times \left(\frac{5}{6}\right)^0 = \frac{1}{46656} = 0.0000214 \qquad (7.18)$$

(7)
$$P(6\text{ の目が }0\text{ 回}) = {}_6C_0 \times \left(\frac{1}{6}\right)^0 \times \left(\frac{5}{6}\right)^6 = \frac{15625}{46656} = 0.335 \qquad (7.19)$$

第7章　演習問題

(1) 正四面体の各面に，1，2，3，4の数字が書いてある．ランダムに投げたとき，どの面が下に来るかは等確率で起こりうるとする．

　　この正四面体を7回投げたとき，次の確率を求めよ．
(a)「1の数字」が下の面になる確率
(b)「1の数字」が，下の面になる回数が2回となる確率
(c)「1の数字」が，3回となる確率
(d)「1の数字」が一度も下に来ない確率

(2) ハートのトランプカードが13枚ある．ここから1枚のカードを引く．どのカードも引かれる確率は等しいとする．「絵カード」とは，ジャック，クィーン，キング　のことである．1枚のカードを引いたら，元に戻してもういちど引く．

　　この試行を5回繰り返すとき，次の確率を求めよ．
(a)「絵カード」が2回引かれる確率
(b)「絵カード」が4回引かれる確率
(c)「絵カード」が1回もひかれない確率
(d)「絵カード」が1回も引かれない確率

第 I 部 確率編

第 8 章 おもしろい確率の問題

　　　　数学は多少は自信があるのだが，確率だけは苦手である．問題をやってみても，あっているのか間違っているのかよくわからない．という人が多い．
　　　　確かに微妙な問題もあるのだが，確率の問題を考える際に有効な考え方がある．それは，「多数回の試行をしたときどうなるか」を念頭に置くことである．実際に実験しなくても，思考の中で「多数回やったらどうなるか？」を考えてみることである．

8.1　硬貨を2枚投げるとき

　　　　普通の硬貨を2枚投げたとき，「2枚とも表」，「1枚表で1枚裏」，「2枚とも裏」の3通りがある．しかし，3通りあるからといってそれぞれの確率が $\frac{1}{3}$ と言えるだろうか？　授業の時に学生にアンケートを取ると，確率 $\frac{1}{3}$ と答える学生が結構いる．
　　　　しかし，これは間違いで，正しくは，(表，表)，(表，裏)，(裏，表)，(裏，裏) が等確率でそれぞれ $\frac{1}{4}$ となり，したがって，「1枚表で1枚裏」の確率は，$\frac{1}{4} + \frac{1}{4} = \frac{2}{4} = \frac{1}{2}$ となる．
　　　　どちらが正しいか，クラスの人数が少なければ議論するのがよい．「2枚の効果が100円玉と1円玉のように区別がつく場合と，両方10円玉で，見た目には全く区別できない場合で違う」というような意見が出ることもある．
　　　　後者が正しいかどうかは，2枚の硬貨を投げる実験を100回ぐらいやればわかってくる．
　　　　見た目には区別がつかない硬貨でも，投げる試行をするときは区別されているかのように結果が現れることになる．

8.2　下手な鉄砲も数打てば当たる

　　　　1回1回は的に当てる確率は小さくても，何回かやれば少なくとも1回ぐらい当たるだろうということを表している．
　　　　例えば，1回の試行で事象 A が起きる確率が小さく，例えば，$\mathsf{P}(A) = 0.1$ とする．外れる (A が起きない) 確率は，$\mathsf{P}(A^C) = 1 - 0.1 = 0.9$ である．
　　　　さて，この試行を20回繰り返したとき，「少なくても1回当たる (A が起きる) 確率」を求めよう．
　　　　「少なくても1回当たる」という事象をまともに考えると，「1回当たる，2回当たる，3回当たる，$\cdots$，20回当たる」となり，これらの確率を求めてたすことになる．パソコンが発達しているので，数学ソフトを使えば楽に計算できるが，頭を使って簡単に求める方法を考えよう．
　　　　「少なくても1回当たる」の反対の事象を考えればよいのである．反対の事象は，「1回も当たらない」である．
　　　　反対の事象の確率が求められるなら，1からその確率を引けばよい．したがって，次のように計算できるのである (約88%となる)．

$$\mathsf{P}(少なくても1回当たる) = 1 - \mathsf{P}(1回も当たらない)$$
$$= 1 - {}_{20}\mathrm{C}_{20} \times (0.9)^{20}$$
$$= 0.878423 \tag{8.1}$$

8.3 誕生日が同じ人がいる確率

40人のクラスの中に，誕生日が同じ人がいる確率を考えよう．計算する前に，「誕生日が同じ人がいるか，いないか」でクイズをしてみよう．「40人では同じ人はいない」と答える人がかなりの数に上る．

それから調べるのであるが，「1月生まれのひと」と言って手を挙げて，日にちを言ってもらう．実は，40人の集団では，ほぼ確実に誕生日が同じ人がいるのである．

その確率をどのように計算すればよいのだろうか？

この確率もやはり，全体の確率1から，反対の事象つまり，「40人が全部異なる」事象の確率を計算して引き算すればよい．細かいことであるが，閏年は考えず，2月29日生まれの人はいないとし，1年は365日とする．

40人を名簿順に並べておいて考えるとよい．考え方は次のとおりである．

「はじめの人は何でもよい」，「2番目の人は1番目の人と異なる」，「3番目の人はそれまでの2人と異なる」，…としていけばよい．それらの確率をかけて得られる．

$$\frac{365}{365} \times \frac{364}{365} \times \frac{363}{365} \times \cdots \times \frac{326}{365} = 0.108768 \tag{8.2}$$

したがって，求める確率，「40人の中で少なくても誰かと誰かが同じ誕生日の確率」は，

$$1 - 0.108768 = 0.891232 \tag{8.3}$$

となる．ほぼ90%の確率で，同じ誕生日の人がいることになる．

集団の人数と，同じ誕生日の人がいる確率を表にまとめると次のようになる．

表 8.1 グループの人数と誕生日が同じ人がいる確率

人数 (人)	10	15	20	25	30	35	40	45	50	55	60
確率 (%)	12	25	41	57	71	81	89	94	97	99	99

グループの人数を横軸に取り，縦軸に，「少なくとも2人が同じ誕生日の人がいる確率」を取ったグラフは図8.1のようになる．

8.4 もう一人は男か女か

あるアパートの2階の各部屋に若い男女が2人ずつ住んでいる．3つの部屋に，A:「男と男」，B:「男と女」，C:「女と女」のカップルが住んでいることが分かっている．ピザの注文があったので配達に行ったのであるが，どこの部屋から注文されたのかわからなくなり，でたらめにある部屋のベルを鳴らしてしまったところ，玄関に出てきたのは男であった．このとき，「もう一人が男である確率」，「もう一人が女である確率」を求めようというのである．

図 8.1

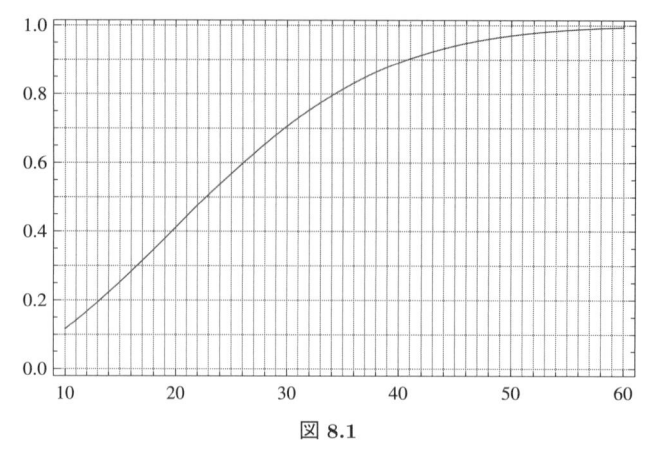

「もう一人は男か女だから，どちらの確率も $\frac{1}{2}$」というのでは乱暴すぎる．

暗黙の前提として，3つの部屋のどこのベルを鳴らすかは等確率であるとする．また，部屋の2人どちらが玄関に出るかも等確率とする．

さて，この種の問題を考えるには，やはり，「多数回の試行」を考えてみるのがよい．

300回配達に行ったとすれば，A，B，Cが等確率で選ばれるから，ほぼ，A100回，B100回，C100回である．それぞれの部屋で，どちらの人が玄関に出るかも等確率であるから，A:男1が50回，A:男2が50回，B:男3が50回，B:女1が50回，C:女2が50回，C:女3が50回，玄関に出てくることになる．

ところで，実際に配達に行ったところ出てきたのは男であった．ということは，{ A:男1が50回，A:男2が50回，B:男3が50回 } の合計150回が該当する．

この150回という条件の下で，もう一人が男の場合がAの場合の合計100回であり，もう一人が女の場合が，Bの場合の50回である．

したがって，もう一人が男である確率は $\frac{100}{150} = \frac{2}{3}$ であり，もう一人が女である確率は，$\frac{50}{150} = \frac{1}{3}$ である．

8.5 モンティ・ホールの問題

これは，アメリカのテレビのクイズ番組で実際にあった話である．

それまでクイズでの戦いを勝利してきた人が立ち向かう最後の問題であった．ステージには3つのドアがありその奥に部屋がある．

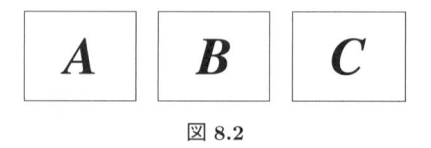

図 8.2

司会者は「この3つの部屋 A，B，C，のどこかに高級車が入っています．他の2つには山羊が入っています．どこに車が入っているか当てられたら，車はあなたのものです」というわけである．「ただし，最初に選んだ部屋に対して，私がヒントを出します．つまり，1つの部屋を開けて，そこには高級車ではなく山羊が入っていることを教えてあげます．その時点で，あ

なたは最初の選択した部屋を変更することができます．変更しなくても構いません．」と，ルールを説明する．

挑戦者は，最初に左端の部屋を選択した．司会者は右端の部屋を開けて見せてくれた．挑戦者は最初の選択を変更したほうが得か，変更しないほうが得か，を考えて決断しなければならない．

この問題に対して，当時，アメリカでは激論が戦わされ，数学者とか，確率論の専門家までもが異なる意見を主張して譲らなかったという．もちろんその後真実は明らかになったのであるが．

あなたならどうするか？

この問題も多数回の試行を考えれば容易に正解が得られる．

問題の性格を明確にしておく必要がある．

(1) 必ず変更するとしたとき，当たる確率
(2) 変更しないという方針で臨み，当たる確率

を計算することになる．

(2) の計算は簡単だろう．3つの部屋のどこかに高級車が入っていて，どの部屋を選ぶかは等確率と考えられるから，高級車の部屋を選択する確率は，$\frac{1}{3}$ である．

(1) の確率を考えよう．はじめに選んだ部屋が当たりで高級車が入っていれば，「必ず変更する」ので，ハズレを選んでしまうことになる．このようになる確率は $\frac{1}{3}$ である．ところが，はじめに選んだのがはずれ (山羊) だったら，変更するので必ず当たりになる．なぜなら，司会者がもうひとつのハズレを開けて見せてくれているのだから．この場合，はじめにハズレを引いておけば「変更して必ず当たる」ということになる．はじめにハズレを引く確率は $\frac{2}{3}$ であるから，「必ず変更するという方針で，当たりを引く確率」は $\frac{2}{3}$ となり，「変更しないで当たる確率」の2倍になることがわかる．

第 8 章　演習問題

(1) 1回の射撃で的に当てられる確率が 0.08 の人が，20 回やって，少なくとも 1 回当たる確率を求めよ．
(2) 5人の仲良しグループの人で，生まれた月が同じ人が少なくとも 1 組いる確率を求めよ．ただし，どの月に生まれるかは等確率とする．
(3) 3人の囚人 A，B，C は死刑が確定していた．ところが国を挙げてのおめでたいことがあり，3 人のうち 1 人は恩赦になることが決まった．誰が恩赦の恩恵にあずかるかは死刑執行の直前に，法務大臣が 3 本のくじ (A，B，C が記入してある) から 1 本を引いて決める．それはすぐに看守に知らされる．つまり，看守は誰が恩赦になり，残り 2 人は予定通り死刑が執行されることを知っている．

法務大臣がくじを引く前に，囚人の A は，「3人の内 1 人が恩赦になるが，どのくじが引かれるかは平等なので，自分が恩赦になる確率は，$\frac{1}{3}$ である」と考えた．これは普通のまともな考えである．

しばらくして看守に法務大臣がくじを引いた結果，すなわち誰が恩赦になるかが知らされた．

囚人 A は，「看守よ，B か C のどちらかは予定通り死刑になるのだから，死刑になる人を 1 人教えてくれてもいいではないか．」と頼み込んだ．看守は，「A の要望ももっともだ，教えても問題ないだろう．」と考えた．

(a) Bが恩赦になる場合には，看守は，「Cが死刑」と言わなければならない．
(b) Cが恩赦になる場合には，看守は，「Bが死刑」と言わなければならない．
(c) Aが恩赦になる場合には，BとCのどちらかを死刑であるとAに伝えなければならない．

どちらを選んで伝えるかで，硬貨を投げて表なら「Bが死刑」とAに告げ，裏が出たら「Cが死刑」とAに伝えることとする．

さて，これらの前提条件を明確にしたうえで，看守は，「Bは死刑になるよ」と，Aに告げてやった．

これを聞いた囚人Aは，「Bが死刑ということは，恩赦になるのは自分かCかのどちらかになるということだから，自分が恩赦になる確率は $\frac{1}{2}$ になる．」と判断した．恩赦になる確率が，$\frac{1}{3}$ から $\frac{1}{2}$ に増えたのだと考え，大喜びしたというのである．

はたして本当にAが恩赦になる確率が大きく変化したのだろうか？

第9章　確率変数とその分布，期待値

9.1　確率変数

硬貨投げの場合

確率変数とは，確率空間の各標本 ω に一定の規則で数値を対応させることである．

硬貨を投げる試行の場合，表が出たら 20 円，裏が出たら 10 円受け取るというゲームの場合，関数 $X(\omega)$ を次のように定める．$\omega_1 =$「表」，$\omega_2 =$「裏」，と置く．$X(\omega_1) = 20$，$X(\omega_2) = 10$ と関数を定める．このような関数を，**確率変数**というのである．

確率変数があると，そこから導かれる，実数上の確率分布が定まる．その確率はもとの確率空間から定まるものではあるが．

$$\mathsf{P}(10) = \mathsf{P}(\{\omega | X(\omega) = 10\}) = \mathsf{P}(\text{裏}) = \frac{1}{2} \tag{9.1}$$

$$\mathsf{P}(20) = \mathsf{P}(\{\omega | X(\omega) = 20\}) = \mathsf{P}(\text{表}) = \frac{1}{2} \tag{9.2}$$

新しい確率空間は次のように表せる．

表 9.1　確率変数 X で定まる確率空間

確率変数の取る値	10	20
確率	$\frac{1}{2}$	$\frac{1}{2}$

サイコロ投げの場合

サイコロ投げの場合，$\omega_1 =$ ⚀ に対して，60 円，$\omega_2 =$ ⚁ に対して，30 円，$\omega_3 =$ ⚂ に対して，10 円，$\omega_4 =$ ⚃ に対して，30 円，$\omega_5 =$ ⚄ に対して，50 円，$\omega_6 =$ ⚅ に対して，60 円，という金額を対応させると，確率変数 $X(\omega)$ が定まる．

$$X(\omega_1) = 60,\ X(\omega_2) = 30,\ X(\omega_3) = 10,\ X(\omega_4) = 30,\ X(\omega_5) = 50,\ X(\omega_6) = 60 \tag{9.3}$$

確率変数 X で定まる確率は次のようになる．

$$\mathsf{P}(10) = \mathsf{P}(X(\omega) = 10) = \mathsf{P}(\omega_3) = \frac{1}{6} \tag{9.4}$$

$$\mathsf{P}(30) = \mathsf{P}(X(\omega) = 30) = \mathsf{P}(\{\omega_2, \omega_4\}) = \frac{2}{6} = \frac{1}{3} \tag{9.5}$$

$$\mathsf{P}(50) = \mathsf{P}(X(\omega) = 50) = \mathsf{P}(\omega_5) = \frac{1}{6} \tag{9.6}$$

$$\mathsf{P}(60) = \mathsf{P}(X(\omega) = 60) = \mathsf{P}(\{\omega_1, \omega_6\}) = \frac{2}{6} = \frac{1}{3} \tag{9.7}$$

確率変数 X から導かれた実数上の確率分布は次のようになる．

表 9.2 確率変数 X で定まる確率空間

確率変数の取る値	10	30	50	60
確率	$\frac{1}{6}$	$\frac{1}{3}$	$\frac{1}{6}$	$\frac{1}{3}$

9.2 確率変数の期待値・平均値

硬貨投げで，表が出たら 20 円，裏が出たら 10 円という確率変数があると，多数回の試行で，10 円と 20 円がランダムに並ぶ．20 回の試行の例を示しておく．

20,10,20,10,20,10,10,20,20,20,10,10,10,10,20,10,20,10,10,20

この結果は，数値なので，足したり引いたり，かけたり割ったりできる．そこで，この 20 個のデータの平均値も計算できる．

$$\frac{20+10+20+10+\cdots+10+20}{20} = \frac{290}{20} = 14.5 \tag{9.8}$$

平均値を計算するのに，単純に 20 個を足してもよいが，10 がいくつあるか，20 がいくつあるかで分類してもよい．

$$20 \text{ 個の平均値} = \frac{10 \times 11 + 20 \times 9}{20}$$
$$= 10 \times \frac{11}{20} + 20 \times \frac{9}{20}$$
$$= 10 \times (10 \text{ の相対頻度}) + 20 \times (20 \text{ の相対頻度})$$

ここで，試行の回数をどんどん増やしていくと，相対頻度は確率に転化するので次のように計算できる．

$$= 10 \times \frac{1}{2} + 20 \times \frac{1}{2}$$
$$= 10 \times \mathsf{P}(X(\omega)=10) + 20 \times \mathsf{P}(X(\omega)=20) \tag{9.9}$$

この値を，確率変数 X の，**平均値**あるいは，**期待値**といい，$M(X)$ または，$E(X)$ と表す．M は，平均値の英語，Mean から来ているし，E は，期待値の英語，Expectation から来ている．「平均値」は，「多数回やったときの平均値」という意味であり，「期待値」は，「1 回だけやったときいくらぐらいもらえると期待できるか」という感じである．

一般に，確率変数 X の期待値は次のように表せる．

表 9.3 確率変数 X の分布

確率変数 X の取る値	x_1	x_2	$\cdots$	x_n
確率変数 X の取る確率	p_1	p_2	$\cdots$	p_n

このとき，X の期待値は次のように表せる．

$$E(X) = x_1 p_1 + x_2 p_2 + \cdots + x_n p_n = \sum_{k=1}^{n} x_k p_k \tag{9.10}$$

$\sum_{k=1}^{n}$ の記号が苦手という人が多い．$x_k p_k$ において，k にいろいろな値を入れ，$k=1$ から $k=n$ まで変えて，それらを加えるという意味である．

[例題 1]
次のような賞金と当たる確率が定まった宝くじがあったとしよう．この宝くじを 1 本買った時の賞金の期待値を求めよ．

表 9.4 賞金を表す確率変数 X の分布

確率変数 X の取る値 (円)	0	100	1000	10000
確率変数 X の取る確率	0.6	0.2	0.15	0.05

[解] 賞金にその賞金が得られる確率をかけて加えればよい．

$$E(X) = 0 \times 0.6 + 100 \times 0.2 + 1000 \times 0.15 + 10000 \times 0.05 = 670 \tag{9.11}$$

このくじが，1 本 500 円で売られていれば買ったほうがいいし，1000 円で売られているなら買わないほうがいいという，判断の基準になりうる．

日本の地方公共団体などが売り出している，年末ジャンボ宝くじなどは，期待値は購入金額の半分程度であるから，たくさん買えば買うほど損をするのであるが，めったに当たらないであろう何億円を得ようと，無駄な出費をする人が多い．もっとも，発表があるまで，「当たったら何に使うか」という夢を買っているのだと思えば構わないが．

[例題 2]
次のような宝くじの賞金 X と確率が分かっている．この宝くじの期待値を求めよ．

表 9.5 賞金を表す確率変数 X の分布

確率変数 X の取る値 (円)	0	1000	10000	100000
確率変数 X の取る確率	0.7	0.2	0.08	0.02

[解] 賞金の金額にその確率をかけて足せばよい．

$$0 \times 0.7 + 1000 \times 0.2 + 10000 \times 0.08 + 100000 \times 0.02 = 3000 \tag{9.12}$$

第9章　演習問題

(1) ある宝くじの賞金額を示す確率変数 X とその確率は表 9.6 のようである．確率変数 $E(X)$ の期待値を求めよ．

表 9.6 賞金額を示す確率変数 X と確率

X の取る値	1000	10000	60000	200000
その確率	0.5	0.3	0.15	0.05

(2) 次のような確率変数 A とその確率が示されている．確率変数 A の期待値 $E(A)$ を，a_i と p_i で表せ．

表 9.7 確率変数 A と確率

X の取る値	a_1	a_2	a_3	a_4
その確率	p_1	p_2	p_3	p_4

第10章 確率変数の和の期待値と分散, 標準偏差

10.1 確率変数の和の期待値

ある大きな駅の北側商店街 A と南側商店街 B がある．どちらかで一定の買い物をすると，くじがもらえる．このくじは，駅の構内にできたくじ引き所で引ける．

ちょっと変わっていて，1 回硬貨を投げて，表と裏のそれぞれに，2 つの商店街から次のような金額の商品券がもらえる．商店街 A からもらえる金額を表す確率変数を X, 商店街 B からもらえる金額を表す確率変数を Y とする．

表 10.1 確率変数 X, Y の分布

硬貨の裏表	表	裏
確率	$\frac{1}{2}$	$\frac{1}{2}$
確率変数 X の取る値 (円)	100	200
確率変数 X の取る確率	$\frac{1}{2}$	$\frac{1}{2}$
確率変数 Y の取る値 (円)	1000	2000
確率変数 Y の取る確率	$\frac{1}{2}$	$\frac{1}{2}$

ここでの課題は，確率変数 $X+Y$ の期待値を求めることである．100 回の試行の結果からその平均値を計算するには次のようにするだろう．

100 個の $(X+Y)$ の平均値
$$= \frac{(100+1000)+(200+2000)+(200+2000)+(100+1000)+\cdots+(100+1000)}{100}$$
$$= \frac{(100+200+200+100+\cdots+100)}{100} + \frac{(1000+2000+2000+1000)+\cdots+1000)}{100}$$
$$= (100 \text{ 個の } X \text{ の平均値}) + (100 \text{ 個の } Y \text{ の平均値}) \tag{10.1}$$

ここで，100 を増やしていったときの値が期待値になるので，次の式が成り立つ．

$$E(X+Y) = E(X) + E(Y) \tag{10.2}$$

この関係式を，上では，「期待値は，多数回の試行の結果の平均値の極限」という，元々の意味に戻って確かめた．

もうひとつの確認する方法としては，公理系と期待値の定義式から，形式的計算で確かめることである．

表 10.2 確率変数 x の分布

確率変数 X の取る値	x_1	$\cdots$	x_i	$\cdots$	x_n
確率変数 X の取る確率	p_1	$\cdots$	p_i	$\cdots$	p_n

表 10.3 確率変数 Y の分布

確率変数 Y の取る値	y_1	$\cdots$	y_j	$\cdots$	y_m
確率変数 Y の取る確率	q_1	$\cdots$	q_j	$\cdots$	q_n

$X+Y$ の期待値は,$E(X+Y) = \sum_{k=1}^{l} z_k \mathsf{P}(X+Y=z_k)$ である.この z_k には,$x_i+y_j = z_k$ となる場合の和を使って次のようになっている.

$$z_k \mathsf{P}(X+Y=z_k) = (x_i+y_j) \sum_{x_i+y_j=z_k} \mathsf{P}(X=x_i, =y_j) = (x_i+y_j) \sum_{x_i+y_j=z_k} p_i q_j \tag{10.3}$$

ここで,すべての k について加えるので,結局,次のように表せる.さらに変形していける.

$$E(X+Y) = \sum_{i=1}^{n} \sum_{j=1}^{m} (x_i+y_j) \mathsf{P}(X=x_i, =y_j) \tag{10.4}$$

$$= \sum_{i=1}^{n} \sum_{j=1}^{m} x_i \mathsf{P}(X=x_i, =y_j) + \sum_{i=1}^{n} \sum_{j=1}^{m} y_j \mathsf{P}(X=x_i, =y_j)$$

$$= \sum_{i=1}^{n} \left(\sum_{j=1}^{m} x_i \mathsf{P}(X=x_i, =y_j) \right) + \sum_{j=1}^{m} \left(\sum_{i=1}^{n} y_j \mathsf{P}(X=x_i, =y_j) \right)$$

$$= \sum_{i=1}^{n} x_i \mathsf{P}(X=x_i) + \sum_{j=1}^{m} y_j \mathsf{P}(Y=y_j)$$

$$= \sum_{i=1}^{n} x_i p_i + \sum_{j=1}^{m} y_j q_j$$

$$= E(X) + E(Y)$$

確率についてのいろいろな定理は,上のように,現実の試行から確認できると当時に,理論的な計算によっても確認することができる.

確率変数の期待値について次の性質も成り立つ.a, b は定数で X, Y は確率変数である.

$$E(aX) = aE(X) \tag{10.5}$$

$$E(aX+bY) = aE(X) + bE(Y) \tag{10.6}$$

これらの,試行による確認と,理論的計算による確認 (証明) は,ここでは省略する.

10.2 確率変数の独立と積

1 回目に硬貨を投げて表が出たら 10 円,裏が出たら 20 円という確率変数 X と,2 回目にサイコロを投げて,出た目の数を 10 倍した金額を示す確率変数を Y とする.1 回目と 2 回目,高価とサイコロの目の出方は独立であるから,$\mathsf{P}((表, \boxed{\cdot})) = \mathsf{P}(表) \times \mathsf{P}(\boxed{\cdot})$ となる.このことを反映し,確率変数についても,$\mathsf{P}(X=10, =30) = \mathsf{P}(X=10) \times \mathsf{P}(Y=30)$ となる.

一般に,任意の数 a, b について,確率変数 X, Y について次の式が成り立つとき,「**確率変数 X と Y は独立である**」と定義する.

$$\mathsf{P}(X=a, =b) = \mathsf{P}(X=a) \times \mathsf{P}(Y=b) \tag{10.7}$$

確率変数 X と Y が独立であるとき,期待値についての次の積の法則が成り立つ.

$$E(XY) = E(X) \times E(Y) \tag{10.8}$$

この法則も，具体例の試行でも確かめられるが，ここでは理論的な計算で確かめる方法だけを紹介しておこう．

$$\begin{aligned}
E(XY) &= \sum_{k=1}^{nm} z_k \mathsf{P}(XY = z_k) \\
&= \sum_{k=1}^{nm} z_k \sum_{x_i y_j = z_k} \mathsf{P}(X = x_i,\ = y_j) \\
&= \sum_{i=1}^{n} \sum_{j=1}^{m} x_i y_j \mathsf{P}(X = x_i) \times \mathsf{P}(Y = y_j) \\
&= \left(\sum_{i=1}^{n} x_i \mathsf{P}(X = x_i) \right) \times \left(\sum_{j=1}^{j} y_j \mathsf{P}(Y = y_j) \right) \\
&= E(X) \times E(Y) \tag{10.9}
\end{aligned}$$

[例題 1]

3つの確率変数 X, Y, Z の期待値について，$E(X) = 20$, $E(Y) = 30$, $E(Z) = 50$ が分かっているとき，次の値を求めよ．

(1) $E(X + Y + Z)$

(2) $E(3X - 2Y + 4Z)$

さらに，この3つの確率変数が独立であるとき，次の値を求めよ．

(3) $E(XYZ)$

[解] (1) $E(X + Y + Z) = E(X) + E(Y) + E(Z) = 20 + 30 + 50 = 100$

(2) $E(3X - 2Y + 4Z) = 3E(X) - 2E(Y) + 4E(Z) = 60 - 60 + 200 = 200$

(3) $E(XYZ) = E(X)E(Y)E(Z) = 20 \times 30 \times 50 = 30000$

10.3 確率変数の分散・標準偏差

ある駅の北側商店街 A と，南側商店街 B が，年末に1万円につき1枚のくじを配布することになった．くじの賞金とその確率は，次のようになっているという．賞金の金額を表す確率変数はそれぞれ，X, Y とする．

表 10.4 商店街 A の賞金 (円) とその確率

賞金 (円)	100	300	800	1000	1700	2000
その確率	0.15	0.15	0.15	0.25	0.1	0.2

確率変数 X の平均は 1000 である．

$$E(X) = 100 \times 0.15 + 300 \times 0.15 + 800 \times 0.15 + 1000 \times 0.25 + 1700 \times 0.1 + 2000 \times 0.2 = 1000 \tag{10.10}$$

確率変数 Y の平均値も 1000 である．

10.3 確率変数の分散・標準偏差

表 10.5 商店街 B の賞金 (円) とその確率

賞金 (円)	800	900	1000	1100
その確率	0.05	0.15	0.45	0.35

$$E(Y) = 800 \times 0.05 + 900 \times 0.15 + 1000 \times 0.45 + 1100 \times 0.35 = 1000 \tag{10.11}$$

これらの確率分布を図で表すと次のようになる．

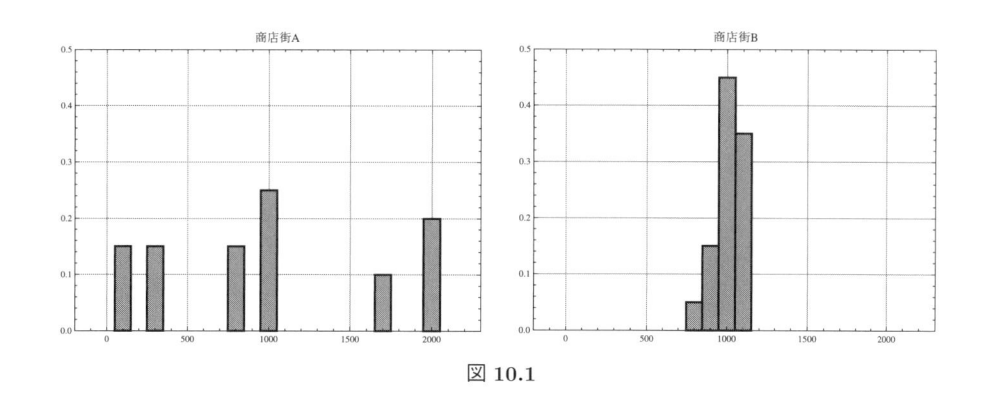

図 10.1

両方とも平均値は 1000 円で同じであるが，確率の分布の仕方はずいぶん異なっている．商店街 A では，運がよければ 2000 円が当たることもあるが，運が悪ければ 100 円しかもらえないこともある．

商店街 B の方では，よくても 1100 円しかもらえないが，悪くても 800 円はもらえる．読者はどちらを選択するだろうか．

堅実型の人は B を選ぶだろう．大穴 (というほどでもないが) を当てて，2000 円を狙う人は A を選択するだろう．もっとも人の性格だけでなく，その時の経済状態にも影響されるかもしれない．「1000 円なんてどうでもいいや」，という状態と，「夕食のお金もなく，確実に 1000 円ぐらい欲しい」，という状態では選択の仕方も違ってこよう．

どちらがいいかの判断は確率分布の図を見ていれば十分かもしれないが，微妙な差の場合には，この違いを数値として表すことも有効かもしれない．散らばり具合の違いを数値として表す方法を考えよう．

どちらも平均値は同じ，1000 円である．散らばり具合は，この同じ平均値からのずれで考えてみる．

しかし，単なる平均値からの差だけでなく，同じ差でもそのようになる確率が大きい場合と小さい場合では評価を変えたほうがよい．

というわけで，確率変数の各値が平均値からどのくらい離れているか，そうなる確率はいくらかで評価してみよう．

表 10.6 A の賞金と平均との差と確率

|賞金 − 平均値|	900	700	200	0	700	1000
その確率	0.15	0.15	0.15	0.25	0.1	0.2

確率変数 X と平均値 1000 との差 (平均値からの離れ具合が必要なので，大きい値から小さ

い値を引く差) の平均を計算してみる.

$$E(|X-1000|) = 900\times 0.15 + 700\times 0.15 + 200\times 0.15 + 0\times 0.25 + 700\times 0.1 + 1000\times 0.2 = 630 \tag{10.12}$$

表 10.7 商店街 B の賞金 (円) とその確率

|賞金 − 平均値|	200	100	0	100
その確率	0.05	0.15	0.45	0.35

同様に, 確率変数 Y と平均値 1000 との差の平均を計算してみる.

$$E(|Y-1000|) = 200\times 0.05 + 100\times 0.15 + 100\times 0.35 = 60 \tag{10.13}$$

一般に, 確率変数 X の平均値を $m = E(X)$ と置くとき,「平均からの差の平均」を, **平均偏差** (average absolute deviation) という.

平均偏差はあまり使われない. 絶対値の入った量は計算が面倒で, 発展性が乏しい.

代わりに使われるのが, (平均値との差)^2 の平均値である. 商店街 A について計算してみよう. (確率変数 X と平均値 1000 との差)^2 の平均を計算してみる.

表 10.8 (A の賞金と平均との差)^2 と確率

(賞金 − 平均値)^2	810000	490000	40000	0	490000	1000000
その確率	0.15	0.15	0.15	0.25	0.1	0.2

$$E((X-1000)^2) = 810000\times 0.15 + 490000\times 0.15 + 40000\times 0.15 + 0\times 0.25$$
$$+ 490000\times 0.1 + 1000000\times 0.2 = 450000$$

同様に, 商店街 B についても計算すると, $E((Y-1000)^2) = 7000$ となる.

確率変数 X について, このような値, つまり, $v = E((X-m)^2)$ を, 確率変数 X の, **分散** (variance) という. ただし, $m = E(X)$ は, 平均値 (期待値) である.

さらに, 分散の平方根を, **標準偏差** (standard deviation) という. $sd = \sqrt{v} = \sqrt{E((X-m)^2)}$ と表す. ただし, $m = E(X)$ である. 標準偏差はギリシャ文字の σ で表すことも多い.

商店街 A の標準偏差は, $sd = \sigma = \sqrt{450000} = 670.820 \fallingdotseq 671$ となる. 商店街 B の標準偏差は, $sd = \sigma = \sqrt{7000} = 83.666 \fallingdotseq 84$ となる.

一般に, 確率変数 X の分散は次のように定義され, $V(X)$ と表す.

$$V(X) = E((X-m)^2), \quad \text{ただし,} \quad m = E(X) \tag{10.14}$$

確率変数 X と Y の和の期待値について, X と Y が独立であれば, 次の関係式が成り立つ.

$$V(X+Y) = V(X) + V(Y) \tag{10.15}$$

これについても, 理論的形式的に証明しておこう. $E(X) = m_1$, $E(Y) = m_2$ とする.

$$V(X+Y) = E((X+Y-(m_1+m_2))^2)$$

$$= E((X-m_1)^2) + E((Y-m_2)^2) + 2E((X-m_1)(Y-m_2))$$
$$= V(X) + V(Y) + 2\left(E(XY) - m_1 E(Y) - m_2 E(X) + m_1 m_2\right)$$
$$= V(X) + V(Y) + 2\left(m_1 m_2 - m_1 m_2 - m_2 m_1 + m_1 m_2\right)$$
$$= V(X) + V(Y) \tag{10.16}$$

また，定数 a に対して，$V(aX) = a^2 V(X)$ も成り立つ．

さらに，分散について次の式が成り立つ．

$$V(X) = E\left((X-m)^2\right) = E(X^2) - m^2 \tag{10.17}$$

形式的な証明を紹介しておく．

$$E\left((X-m)^2\right) = E(X^2) - 2mE(X) + m^2$$
$$= E(X^2) - 2m^2 + m^2 = E(X^2) - m^2 \tag{10.18}$$

このようなわかりやすいきれいな法則が成り立つので，確率変数の散らばり具合を表すのに，平均偏差より，分散・標準偏差が使われるのである．

[例題 2]

次のような宝くじがある．賞金額を示す確率変数 X とその確率が示されている．

表 10.9 賞金額を示す確率変数 X と確率

X の取る値	100	1000	10000	100000
その確率	0.1	0.2	0.3	0.4

このとき，次の値を求めよ．
(1) X の期待値　$E(X)$
(2) X の分散　$v = V(X)$
(3) X の標準偏差 $sd = \sigma$

[解] (1)

$$E(X) = 100 \times 0.1 + 1000 \times 0.2 + 10000 \times 0.3 + 100000 \times 0.4 = 43210$$

(2)

$$V(X) = E\left((X-43210)^2\right)$$
$$= (43210-100)^2 \times 0.1 + (43210-1000)^2 \times 0.2 - (43210-10000)^2 \times 0.3$$
$$\quad + (43210-100000)^2 \times 0.4$$
$$= 2163099600$$

(3) $\sigma = \sqrt{2163099600} = 46509.106 \fallingdotseq 46509$

第 10 章　演習問題

(1) 次のような宝くじがある．賞金額を示す確率変数 X とその確率が示されている．

表 10.10　賞金額を示す確率変数 X と確率

X の取る値	1000	10000	50000	200000
その確率	0.6	0.2	0.15	0.05

このとき，次の値を求めよ．
(a) X の期待値　$m = E(X)$
(b) X の分散　$v = V(X)$
(c) X の標準偏差 $sd = \sigma$

(2) 変形サイコロの各目に次のような金額を付与する確率変数 X がある．

表 10.11　賞金額を示す確率変数 X と確率

サイコロの目	⚀	⚁	⚂	⚃	⚄	⚅
X の取る値	50	40	30	20	60	80
その確率	0.15	0.23	0.12	0.12	0.23	0.15

このとき，次の値を求めよ．
(a) X の期待値　$m = E(X)$
(b) X の分散　$v = V(X)$
(c) X の標準偏差 $sd = \sigma$

第11章 二項分布の期待値と標準偏差

11.1 二項分布の期待値

サイコロ投げで，1 の目が出たら 10 円，2 の目が出たら 20 円，… となる確率変数 X の期待値を求めよう．

表 11.1 確率変数 X の分布

確率変数 X の取る値 (円)	10	20	30	40	50	60
確率変数 X の取る確率	$\frac{1}{6}$	$\frac{1}{6}$	$\frac{1}{6}$	$\frac{1}{6}$	$\frac{1}{6}$	$\frac{1}{6}$

それぞれが等確率でランダムに多数出てくれば，平均値は「35 円だろう」と，予想のつく人もいよう．きちんと計算すると次のようになる．

$$10 \times \frac{1}{6} + 20 \times \frac{1}{6} + 30 \times \frac{1}{6} + 40 \times \frac{1}{6} + 50 \times \frac{1}{6} + 60 \times \frac{1}{6} = 35 \tag{11.1}$$

一般公式を求めてみよう．1 回で事象 A が起きる確率が $\mathsf{P}(A) = p$ のとき，n 回の試行において A が起きる回数を表す確率変数を X とおく．A が r 回起きる確率 $\mathsf{P}(X = r)$ が ${}_n C_r p^r q^{n-r}$ であった．$q = 1 - p$ であるが．

このとき，X の期待値を求めよう．X_k を k 回目に A が起きたら 1，A が起きなかったら 0 を与える確率変数とする．

はじめに X_k の期待値 $E(X_k)$ を確認しておこう．

$$E(X_k) = 1 \times \mathsf{P}(X_k = 1) + 0 \times \mathsf{P}(X = 0) = 1 + 0 = p \tag{11.2}$$

期待値 $E(X)$ は，確率変数の和の期待値の線形性から次のように求められる．

$$\begin{aligned} E(X) &= E(X_1 + X_2 + \cdots + X_n) \\ &= E(X_1) + E(X_2) + \cdots + E(X_n) \\ &= p + p + \cdots + p \\ &= np \end{aligned} \tag{11.3}$$

11.2 二項分布の分散と標準偏差

X_k は独立であるから，独立の場合の分散の性質を使う．はじめに，$V(X_k)$ を求めておく．

$$\begin{aligned} V(X_k) &= E((X_k - p)^2) \\ &= (1-p)^2 \times p + (0-p)^2 \times (1-p) \\ &= (1-p)(p - p^2 + p^2) \end{aligned}$$

$$= (1-p)p = pq \tag{11.4}$$

X_k は独立であることから確率変数の分散に関する性質から次のように求められる.

$$\begin{aligned} V(X) &= V(X_1 + X_2 + \cdots + X_k + \cdots + X_n) \\ &= V(X_1) + V(X_2) + \cdots + V(X_k) + \cdots + V(X_n) \\ &= pq + pq + \cdots + pq \\ &= npq \end{aligned} \tag{11.5}$$

したがって, 二項分布の標準偏差は, $sd = \sqrt{npq}$ である.

[例題 1]
(1) サイコロを 600 回振ったとき ⚃ の出る回数の期待値, 分散, 標準偏差を求めよ.
(2) ある果物の生産物がたくさん積まれている. この中には不良品が 1 割含まれている. 6 個入りの箱を作るとき, 箱に含まれる不良品の個数の期待値, 分散, 標準偏差を求めよ.

[解] (1) 期待値 $= 600 \times \frac{1}{6} = 100$, 分散 $= 600 \times \frac{1}{6} \times \frac{5}{6} = \frac{250}{3} \fallingdotseq 83$, 標準偏差 $= \sqrt{\frac{250}{3}} \fallingdotseq 9.13$
(2) 1 個取り出したときそれが不良品である確率が, 0.1 ということになる.
期待値 $= 6 \times 0.1 = 0.6$, 分散 $= 6 \times 0.1 \times 0.9 = 0.54$, 標準偏差 $= \sqrt{0.54} \fallingdotseq 0.73$

第 11 章　演習問題

(1) 普通の硬貨を 20 回投げたとき, 表の出る回数の, 期待値, 分散, 標準偏差を求めよ.
(2) 普通のサイコロを 50 回投げたとき, サイコロの目の数の期待値, 分散, 標準偏差を求めよ.
(3) 不良品の割合が, 0.1 である時, この製品の山から 6 個を選んでパッケージを作る. このパッケージの中に含まれる不良品の個数の確率分布を表で示せ. また, 不良品の数の期待値, 分散, 標準偏差を求めよ.

第12章 ポアソン分布

12.1 二項分布からポアソン分布へ

物を生産するとき，どうしても不良品が出てきてしまう．不良品が生産されてしまう確率が，0.1 であったとき，この機械から 50 個生産すると，不良品が含まれる数の期待値は，$50 \times 0.1 = 5$ 個となる．50 個の生産物に含まれる不良品の個数の分布は，次の図で表せる二項分布 (期待値 5, 分散 $50 \times 0.1 \times 0.9 = 4.5$) である．

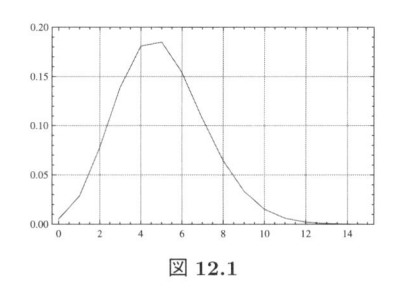

図 12.1

機械を改良して，不良品が出てしまう確率を 0.01 まで小さくしたとすれば，不良品ができてしまう数の期待値が同じ 5 個になるのは，500 個作ったときである．$500 \times 0.01 = 5$ となるからである．500 個の生産物に含まれる不良品の個数の分布は，次の図で表せる二項分布 (期待値 5, 分散 $500 \times 0.01 \times 0.99 = 4.95$) である．

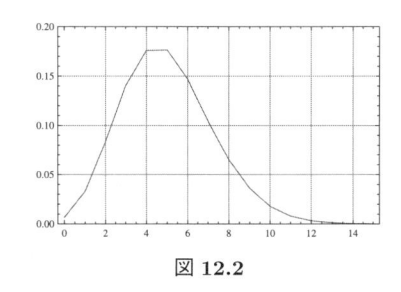

図 12.2

2 つのグラフを比較すると，ずいぶん似ていることがわかる．念のため，さらに機械が改良され，不良品の出る確率が 0.001 まで低くなったとき，5000 個の製品に含まれる不良品の個数の分布は，期待値 $5000 \times 0.001 = 5$, 分散 $500 \times 0.001 \times 0.999 = 4.995$ の二項分布となる．

ここで分かることは，期待値が同じ値 m になるように，確率 p の値と繰り返しの回数 n を，$np = m$ を保ちながら n を大きくしていくと，一定の分布に近づいていくことがうかがえる．しかも，分散の値と期待値の値も等しくなっていきそうである．

実はこのことはきちんと証明されることがらで，極限の分布をポアソン分布という．

ポアソン分布にはパラメータ μ があるが，この分布の期待値も分散もこの値に等しいのであ

図 12.3

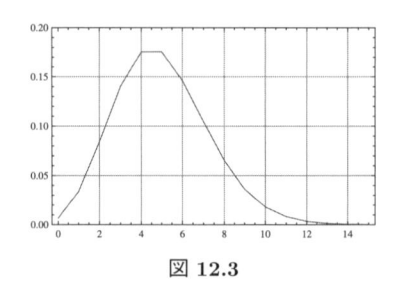

る．確率変数 X が，期待値 μ のポアソン分布をするというのは，次の式が成り立つことである．

$$P(X=k) = e^{-\mu}\frac{\mu^k}{k!} \tag{12.1}$$

ここで出てきた数 e は，ネピアの数とか，自然対数の底と呼ばれる数で，値としては，$e = 2.7182\cdots$ である．経済学との関係では，連続的な複利計算の元利合計を求めるところから定められる．詳しくは本シリーズの「はじめての微分積分」を参照のこと．

$$e = \lim_{n \to \infty}\left(1 + \frac{1}{n}\right)^n \tag{12.2}$$

二項分布 $B(n, p, k) = {}_nC_k p^k q^{n-k}$ が，$np = \mu$ を一定にしておいて，$n \to \infty$ としたとき，ポアソン分布 $\frac{e^{-\mu}\mu^k}{k!}$ となることは，それほど難しくないので証明を紹介しておこう．

$np = \mu$ より，$p = \frac{\mu}{n}$ を p に代入する．

$$\begin{aligned}
\lim_{n\to\infty} B(n,p,k) &= \frac{n!}{k!(n-k)!}\left(\frac{\mu}{n}\right)^k\left(1-\frac{\mu}{n}\right)^{n-k} \\
&= \lim_{n\to\infty} \frac{n}{n}\cdot\frac{n-1}{n}\cdot\frac{n-2}{n}\cdot\cdots\cdot\frac{n-k+1}{n}\cdot\frac{\mu^k}{k!}\cdot\left(1-\frac{\mu}{n}\right)^n\cdot\left(1-\frac{\mu}{n}\right)^{-k} \\
&= 1\cdot 1\cdot\cdots\cdot 1\cdot\frac{\mu^k}{k!}\cdot 1\cdot e^{-\mu}\cdot 1 \\
&= \frac{e^{-\mu}\mu^k}{k!} \tag{12.3}
\end{aligned}$$

ポアソン分布において，いろいろな μ の値に対する確率分布の図を描いておくと次のようになる．

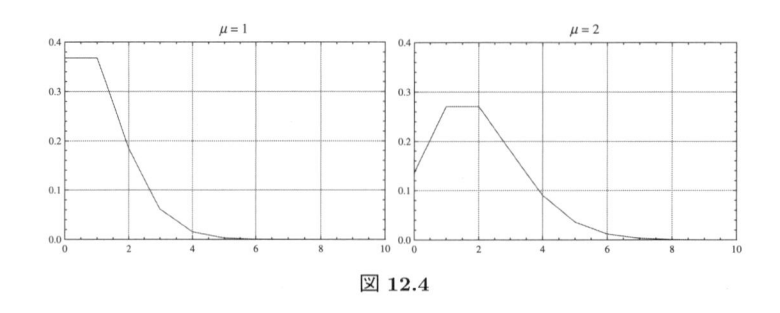

図 12.4

12.2 ポアソン分布の具体例

二項分布において，事象 S が 1 回で起きる確率 p が極めて小さい場合，それを多数回繰り返したとき，事象 A が何回起きるか，その起きる回数と確率の関係がポアソン分布になる．

日常生活での例としては，例えば，ある都市で1日に起きる火災の件数である．1日の間に火災が発生する件数の平均値が6件であるとする．このとき，1日で1件起きる確率，2件起きる確率，3件起きる確率，・・・がポアソン分布する．確率分布をグラフで表すと次のようになる．

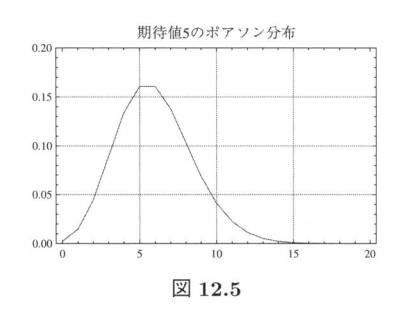

図 12.5

[例題 1]

ある地域で，マグニチュード6以上の地震が30年間で起きる回数が，平均値4であるとする．このとき，次の確率を求めよ．

(1) 30年間でマグニチュード6以上の地震が3回起きる確率
(2) 30年間でマグニチュード6以上の地震が6回起きる確率
(3) 30年間でマグニチュード6以上の地震が，少なくても1回起きる確率

[解] 30年間でマグニチュード6以上の地震の回数が期待値6のポアソン分布をすると考えられる．

$$\mathsf{P}(X=k) = e^{-4} \times \frac{4^k}{k!} \tag{12.4}$$

(1) $\mathsf{P}(X=3) = e^{-4} \times \frac{4^3}{3!} \fallingdotseq 0.20$
(2) $\mathsf{P}(X=6) = e^{-4} \times \frac{4^6}{6!} \fallingdotseq 0.104$
(3) $1 - \mathsf{P}(1回も起きない) = 1 - e^{-4} \times \frac{4^0}{0!} \fallingdotseq 0.98 = 98\%$

第12章 演習問題

(1) ある都市で，交通事故が起きてから24時間以内に亡くなる方の1日あたりの平均人数が4人であるとする．交通事故で亡くなることはめったに起こらないので，ポアソン分布すると考えてよい．このとき次の確率を求めよ．

(a) 1日の死亡者数が6人となる確率
(b) 1日の死者の数が，7人になる確率
(c) 1日の死者が一人もいない確率

第 I 部　確率編

第13章　正規分布

13.1　測定の誤差の分布

　ある量の大きさを一定の道具で測定すると，必ず誤差が生じてしまう．例えば，次のような測定の実験をしてみるとよい．

　10 m まで測れる巻尺を用意し，校庭に直線を引いておき，長さが 960 cm の所にマークをする．ただし，この長さが本当は 960 cm であることは生徒や学生には教えないでおく．

　生徒たちに 30 cm の普通の木やプラスチックでできた物差しを渡して，この長さを測定させる．40 人の生徒数でも，1 人が 5 回測定すれば，200 個のデータが得られる．

　その 200 個のデータを集計したところおよそ次のようになったとする．

954, 942, 963, 975, 963, 954, 960, 948, 942, 951, 948, 960, 966, 957,
957, 957, 951, 948, 963, 960, 948, 951, 960, 966, 975, 936, 957, 951,
948, 957, 954, 945, 954, 963, 948, 966, 957, 948, 963, 963, 948, 951,
957, 972, 951, 969, 966, 963, 960, 942, 960, 957, 948, 957, 951, 963,
960, 957, 972, 960, 957, 954, 954, 972, 966, 960, 936, 951, 954, 951,
957, 972, 972, 954, 945, 948, 954, 945, 963, 972, 948, 957, 951, 951,
939, 963, 966, 957, 954, 975, 963, 963, 960, 948, 969, 957, 924, 951,
942, 963, 966, 957, 969, 954, 963, 948, 966, 954, 951, 978, 969, 960,
957, 939, 966, 963, 954, 942, 957, 966, 951, 963, 951, 951, 954, 966,
963, 957, 963, 960, 942, 972, 960, 969, 954, 945, 969, 951, 954, 960,
966, 930, 963, 948, 954, 954, 963, 957, 972, 957, 948, 966, 936, 951,
957, 975, 966, 960, 963, 972, 969, 960, 945, 960, 975, 963, 957, 969,
954, 957, 954, 960, 948, 951, 963, 951, 969, 927, 960, 948, 954, 966,
966, 960, 966, 942, 969, 960, 963, 954, 966, 975, 951, 963, 942, 966,
957, 945, 960, 954

数字の羅列ではよくわからないので，柱状グラフ (ヒストグラム) に表してみる．

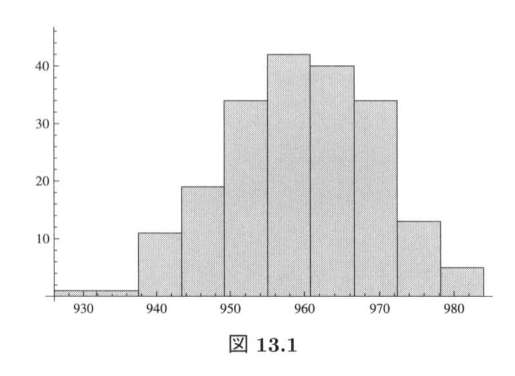

図 13.1

大体の様子はわかるが，よりわかりやすくするには，測定実験の数を増やすことである．2000個のデータを取ってグラフに表すと次のようになる．

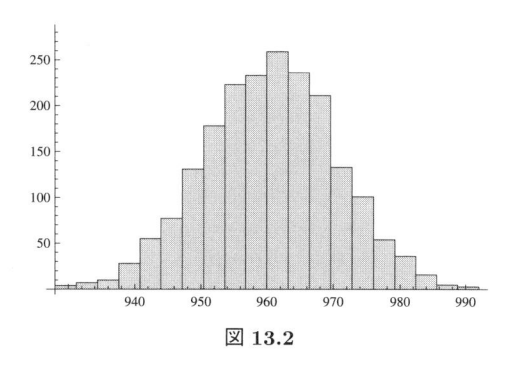

図 13.2

さらに増やし，20000 個のデータを取ってグラフに示すと次のようになる．

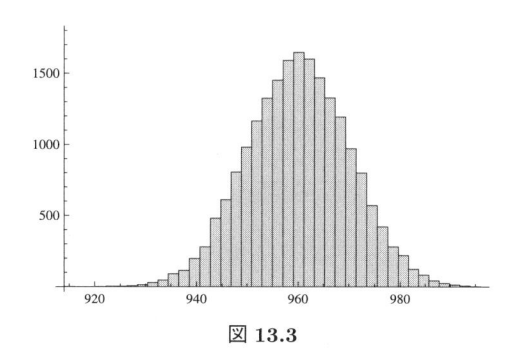

図 13.3

しだいに，図 13.4 のような山型のきれいな曲線が見えてくる．

13.2 正規分布

この分布が **正規分布** と呼ばれる分布である．
しかし，上の 3 つのグラフは，縦軸の値がその区間に入ったデータの個数である．
基本的に異なるのは，正規分布は，連続的な値を取る確率変数 X の分布である．

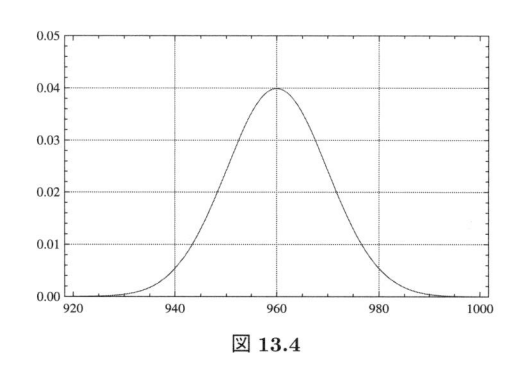

図 13.4

正規分布の曲線の式は次のように表せる．

$$y = f(x) = \frac{1}{\sqrt{2\pi} \times 10} e^{-\frac{(x-960)^2}{2 \times 10^2}} \tag{13.1}$$

ここで，e はネピアの数，自然対数の底と呼ばれ，$e = 2.7182\ldots$ である．

正規分布は，一般にはパラメータ m と σ によって次の式で表せる．

$$y = f(x) = \frac{1}{\sqrt{2\pi} \times \sigma} e^{-\frac{(x-m)^2}{2 \times \sigma^2}} \tag{13.2}$$

この式は，覚えなくてよい．

連続分布の場合，$\mathsf{P}(a < X < b)$ の値は，グラフ上の $a < x < b$ の間の関数のグラフの面積で表せる．図形の面積は積分で表せるので，次の式が成り立つ．なお，積分と面積の関係は本シリーズの「はじめての微分積分」を参照されたい．

$$\mathsf{P}(a < X < b) = \int_a^b f(x)dx \tag{13.3}$$

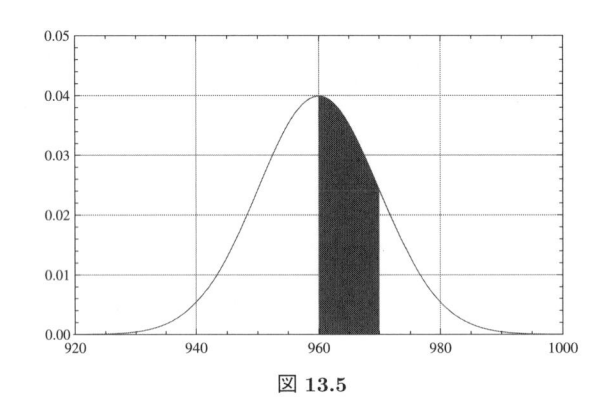

図 **13.5**

面積が確率を表すような関数 $f(x)$ は，**確率密度関数**と呼ばれる．「体積」「重さ」「密度」の関係と対応しているからである．

13.3 正規分布の平均と分散・標準偏差

確率変数 X の取る値が離散的な値の場合の離散確率変数の期待値は，確率変数の取る値にその値を取る確率をかけて足して得られた $E(X) = x_k \times \mathsf{P}(X = x_k)$ である．これを簡単に，$E(X) = \mathsf{P}(X = x)$ とも表そう．

確率変数の取りうる値が連続的な場合，はじめに期待値の近似値を求める．

$$E(X) \fallingdotseq \sum x \times \mathsf{P}(x < X < x + dx) \tag{13.4}$$
$$= \sum x \times f(x)dx$$

ここで，dx をどんどん小さくしていくと積分になるので，確率変数 X の期待値は次のように表せる．

$$E(X) = \int_{-\infty}^{\infty} xf(x) \tag{13.5}$$

確率密度関数が，$f(x) = \frac{1}{\sqrt{2\pi} \times \sigma} e^{-\frac{(x-m)^2}{2 \times \sigma^2}}$ の正規分布の場合，平均値 (期待値) は m となる．

$$E(X) = \int_{-\infty}^{\infty} x \frac{1}{\sqrt{2\pi} \times \sigma} e^{-\frac{(x-m)^2}{2 \times \sigma^2}} dx = m \tag{13.6}$$

この式を導くには少し面倒な微分積分の計算をしなければならないので，「はじめての確率・統計」としては省略する．

同じように，確率密度関数が $f(x)$ の連続型の確率変数の分散は離散分布の場合を参考にして次のように表せる．

$$\begin{aligned} V(X) &= \lim_{dx \to 0} \sum (x-m)^2 \mathsf{P}(X = x) \\ &= \lim_{dx \to 0} \sum (x-m)^2 \mathsf{P}(x < X < x + dx) \\ &= \int_{-\infty}^{\infty} (x-m)^2 f(x) dx \end{aligned} \tag{13.7}$$

確率密度関数が，$f(x) = \frac{1}{\sqrt{2\pi} \times \sigma} e^{-\frac{(x-m)^2}{2 \times \sigma^2}}$ の正規分布の場合，分散は σ^2，標準偏差は σ となる．

$$分散 \quad V(X) = \int_{-\infty}^{\infty} (x-m)^2 \frac{1}{\sqrt{2\pi} \times \sigma} e^{-\frac{(x-m)^2}{2 \times \sigma^2}} = \sigma^2 \tag{13.8}$$

$$標準偏差 \quad \sqrt{V(X)} = \sigma \tag{13.9}$$

正規分布の平均値が変化すると，分布のグラフは左右に移動する．次の図は，$\sigma = 10$ のまま，$m = 30$ から $m = 80$ まで変化させたグラフである．

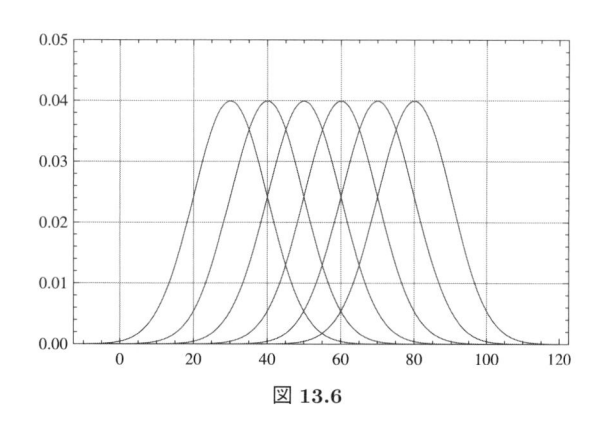

図 13.6

次頁の図は，$m = 60$ のまま，σ を，2 から 18 まで変化させたグラフである．

13.4 標準正規分布への変換

平均が 0 で，標準偏差が 1 の正規分布は，一般の正規分布の典型的な分布になるので，**標準正規分布**と呼ばれる．

平均が m で標準偏差が σ の正規分布は，左右をずらして平均値が 0 になるようにし，標準

図 13.7

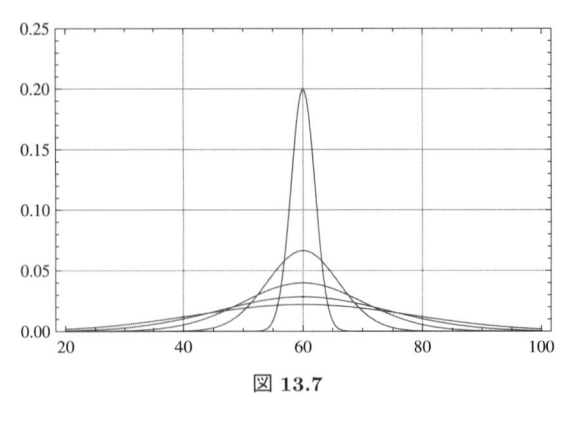

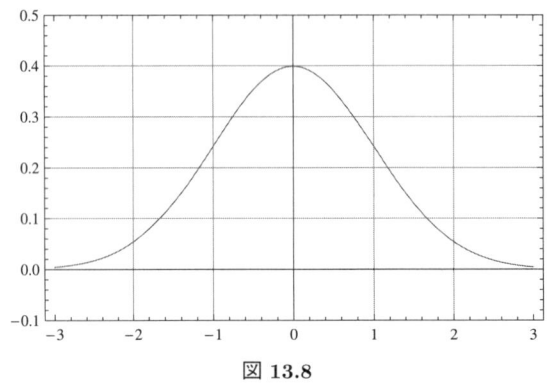

図 13.8

偏差は何倍かして 1 になるようにできる．次のような変換をする．

$$Y = \frac{X - m}{\sigma} \tag{13.10}$$

X が平均 m，標準偏差が σ の正規分布をすると，Y は平均 0，標準偏差 1 の正規分布をする．

13.5 標準正規分布表

平均と標準偏差の違いは，変換によって標準正規分布に統一できるので，標準正規分布についての数表を活用できる．

次頁の表 13.1 は，各 t の値に対して，$\mathsf{P}(0 \leq X \leq t)$ の値を表したものである．小数第 1 位までを左側の縦に示し，小数 2 位を右側の横に示している．

[例題 1]

確率変数 Y が，平均 0，標準偏差 1 の標準正規分布をしているとき，次の確率を，標準正規分布表から求めよ．

(1) $\mathsf{P}(0 \leq Y \leq 1.26)$

(2) $\mathsf{P}(-1.49 \leq Y \leq 0)$

(3) $\mathsf{P}(0.63 \leq Y \leq 2.04)$

(4) $\mathsf{P}(-1.63 \leq Y \leq -0.58)$

(5) $\mathsf{P}(Y \leq -0.72)$

(6) $\mathsf{P}(-0.28 \leq Y \leq 1.03)$

[解] (1) から (6) に対応する図を示しておく．

13.5 標準正規分布表

表 13.1

—	0.	0.01	0.02	0.03	0.04	0.05	0.06	0.07	0.08	0.09
0.0	0.0039	0.0079	0.0119	0.0159	0.0199	0.0239	0.0279	0.0318	0.0358	
0.1	0.0398	0.0437	0.0477	0.0517	0.0556	0.0596	0.0635	0.0674	0.0714	0.0753
0.2	0.0792	0.0831	0.087	0.0909	0.0948	0.0987	0.1025	0.1064	0.1102	0.114
0.3	0.1179	0.1217	0.1255	0.1293	0.133	0.1368	0.1405	0.1443	0.148	0.1517
0.4	0.1554	0.159	0.1627	0.1664	0.17	0.1736	0.1772	0.1808	0.1843	0.1879
0.5	0.1914	0.1949	0.1984	0.2019	0.2054	0.2088	0.2122	0.2156	0.219	0.2224
0.6	0.2257	0.229	0.2323	0.2356	0.2389	0.2421	0.2453	0.2485	0.2517	0.2549
0.7	0.258	0.2611	0.2642	0.2673	0.2703	0.2733	0.2763	0.2793	0.2823	0.2852
0.8	0.2881	0.291	0.2938	0.2967	0.2995	0.3023	0.3051	0.3078	0.3105	0.3132
0.9	0.3159	0.3185	0.3212	0.3238	0.3263	0.3289	0.3314	0.3339	0.3364	0.3389
1.0	0.3413	0.3437	0.3461	0.3484	0.3508	0.3531	0.3554	0.3576	0.3599	0.3621
1.1	0.3643	0.3665	0.3686	0.3707	0.3728	0.3749	0.3769	0.3789	0.3809	0.3829
1.2	0.3849	0.3868	0.3887	0.3906	0.3925	0.3943	0.3961	0.3979	0.3997	0.4014
1.3	0.4031	0.4049	0.4065	0.4082	0.4098	0.4114	0.413	0.4146	0.4162	0.4177
1.4	0.4192	0.4207	0.4221	0.4236	0.425	0.4264	0.4278	0.4292	0.4305	0.4318
1.5	0.4331	0.4344	0.4357	0.4369	0.4382	0.4394	0.4406	0.4417	0.4429	0.444
1.6	0.4452	0.4463	0.4473	0.4484	0.4494	0.4505	0.4515	0.4525	0.4535	0.4544
1.7	0.4554	0.4563	0.4572	0.4581	0.459	0.4599	0.4607	0.4616	0.4624	0.4632
1.8	0.464	0.4648	0.4656	0.4663	0.4671	0.4678	0.4685	0.4692	0.4699	0.4706
1.9	0.4712	0.4719	0.4725	0.4731	0.4738	0.4744	0.475	0.4755	0.4761	0.4767
2.0	0.4772	0.4777	0.4783	0.4788	0.4793	0.4798	0.4803	0.4807	0.4812	0.4816
2.1	0.4821	0.4825	0.4829	0.4834	0.4838	0.4842	0.4846	0.4849	0.4853	0.4857
2.2	0.486	0.4864	0.4867	0.4871	0.4874	0.4877	0.488	0.4883	0.4886	0.4889
2.3	0.4892	0.4895	0.4898	0.49	0.4903	0.4906	0.4908	0.4911	0.4913	0.4915
2.4	0.4918	0.492	0.4922	0.4924	0.4926	0.4928	0.493	0.4932	0.4934	0.4936
2.5	0.4937	0.4939	0.4941	0.4942	0.4944	0.4946	0.4947	0.4949	0.495	0.4952
2.6	0.4953	0.4954	0.4956	0.4957	0.4958	0.4959	0.496	0.4962	0.4963	0.4964
2.7	0.4965	0.4966	0.4967	0.4968	0.4969	0.497	0.4971	0.4971	0.4972	0.4973
2.8	0.4974	0.4975	0.4975	0.4976	0.4977	0.4978	0.4978	0.4979	0.498	0.498
2.9	0.4 981	0.4981	0.4982	0.4983	0.4983	0.4984	0.4984	0.4985	0.4985	0.4986
3.0	0.4986	0.4986	0.4987	0.4987	0.4988	0.4988	0.4988	0.4989	0.4989	0.4989
3.1	0.499	0.499	0.499	0.4991	0.4991	0.4991	0.4992	0.4992	0.4992	0.4992

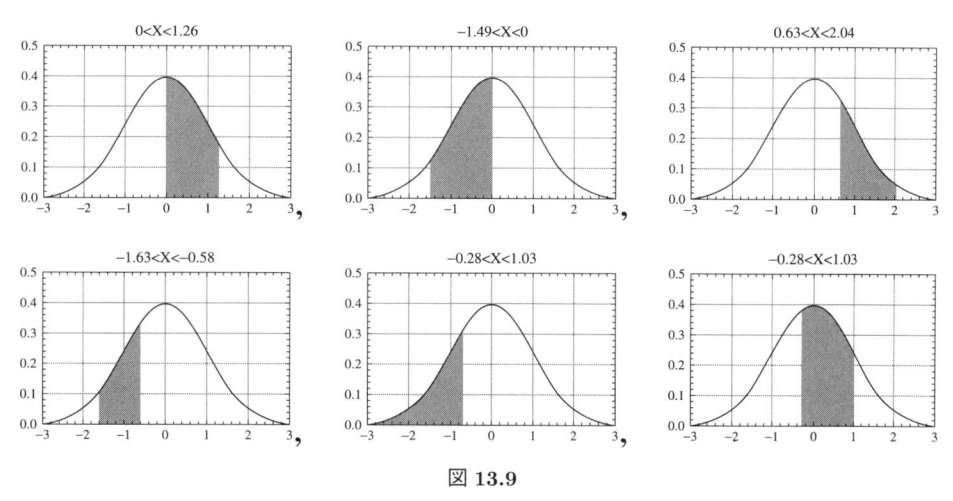

図 13.9

(1) 表から直接読み取ることができる.

$$P(0 \leq Y \leq 1.26) = 0.3961 \tag{13.11}$$

(2) 標準正規分布は縦軸を基にして左右対称であることから,

$$P(-1.49 \leq Y \leq 0) = P(0 \leq Y \leq 1.49) = 0.4318 \tag{13.12}$$

(3)

$$P(0.63 \leq Y \leq 2.04) = P(0 \leq Y \leq 2.04) - P(0 \leq Y \leq 0.63) = 0.4793 - 0.2356 = 0.2437 \tag{13.13}$$

(4)

$$P(-1.63 \leq Y \leq -0.58) = P(0 \leq Y \leq 1.63) - P(0 \leq Y \leq 0.58) = 0.4484 - 0.2190 = 0.2294 \tag{13.14}$$

(5) $P(Y \leq -0.72) = 0.5 - P(0 \leq Y \leq 0.72) = 0.5 - 0.2642 = 0.2358 \tag{13.15}$

(6)

$$P(-0.28 \leq Y \leq 1.03) = P(0 \leq Y \leq 0.28) + P(0 \leq Y \leq 1.03) = 0.1102 + 0.3484 = 0.4586 \tag{13.16}$$

13.6 一般の正規分布の確率計算

平均値が 60 で,標準偏差が 10 の正規分布をする確率変数 X があったとき,$P(50 \leq X \leq 70)$ の確率を求める.パソコンが発達したので,数学ソフトを用いて,直接に積分を計算することも容易である.

ここでは,標準正規分布に変換し,標準正規分布の表を活用して求める方法を紹介しておこう.次のように変換する.

$$Y = \frac{X - 60}{10} \tag{13.17}$$

新しい確率変数 Y は,平均 0,標準偏差 1 の標準正規分布をする.$50 \leq X \leq 70$ を Y の範囲に変換する.

$$\begin{aligned}
P(50 \leq X \leq 70) &= P(50 - 60 \leq X - 60 \leq 70 - 60) \\
&= P\left(\frac{50 - 60}{10} \leq \frac{X - 60}{10} \leq \frac{70 - 60}{10}\right) \\
&= P(-1 \leq Y \leq 1) \\
&= P(0 \leq Y \leq 1) + P(0 \leq Y \leq 1) \\
&= 0.3413 + 0.3413 = 0.6826
\end{aligned} \tag{13.18}$$

一般に,平均 m,標準偏差 σ の正規分布をする確率変数 X がある範囲の値を取る確率は,次のように,標準正規分布 Y の表から求められる.

$$\begin{aligned}
P(a \leq X \leq b) &= P(a - m \leq X - m \leq b - m) \\
&= P\left(\frac{a - m}{\sigma} \leq \frac{X - m}{\sigma} \leq \frac{b - m}{\sigma}\right)
\end{aligned}$$

$$= \mathsf{P}\left(\frac{a-m}{\sigma} \leq Y \leq \frac{b-m}{\sigma}\right) \quad (13.19)$$

[例題 2]

確率変数 X は，平均値 50，標準偏差 20 の正規分布をする．このとき次の確率を求めよ．

(1) $\mathsf{P}(50 \leq X \leq 60)$
(2) $\mathsf{P}(30 \leq X 50)$
(3) $\mathsf{P}(60 \leq X \leq 70)$
(4) $\mathsf{P}(30 \leq X \leq 40)$
(5) $\mathsf{P}(X \leq 20)$
(6) $\mathsf{P}(20 \leq X \leq 60)$

[解] (1) から (6) に対応する図を示しておく．

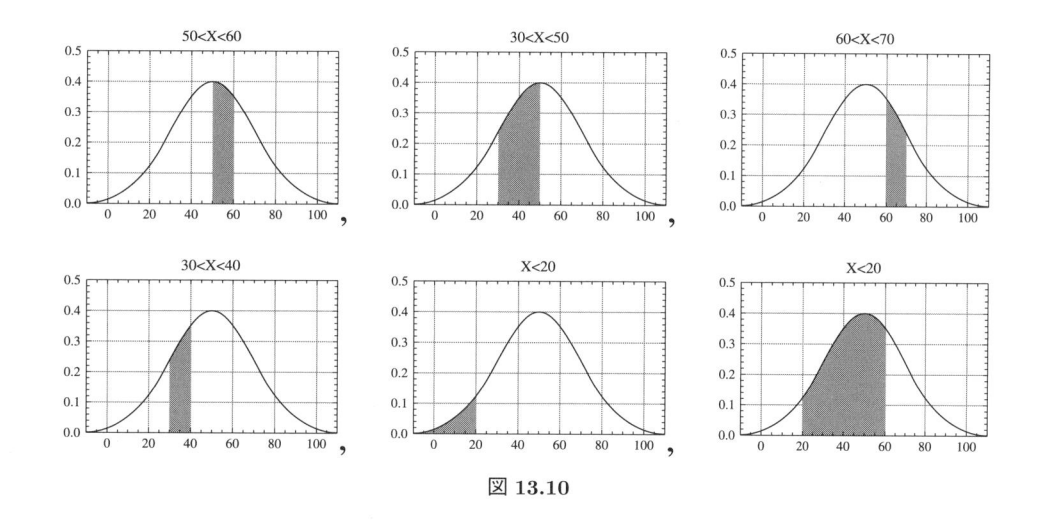

図 13.10

変換 $Y = \frac{X-50}{20}$ により，標準正規分布に直し，標準正規分布の表より求められる．

(1) $\mathsf{P}(50 \leq X \leq 60) = \mathsf{P}\left(\frac{50-50}{20} \leq Y \leq \frac{60-50}{20}\right) = \mathsf{P}(0 \leq Y \leq 0.5) = 0.1914 \quad (13.20)$

(2) 標準正規分布は Y 軸を基にして左右対称であることから，

$$\mathsf{P}(30 \leq X \leq 50) = \mathsf{P}\left(\frac{30-50}{20} \leq Y \leq \frac{50-50}{20}\right) = \mathsf{P}(-1 \leq Y \leq 0) = 0.3413 \quad (13.21)$$

(3)
$$\mathsf{P}(60 \leq X \leq 70) = \mathsf{P}\left(\frac{60-50}{20} \leq Y \leq \frac{70-50}{20}\right) = \mathsf{P}(0.5 \leq Y \leq 1)$$
$$= 0.3413 - 0.1914 = 0.1499 \quad (13.22)$$

(4)
$$\mathsf{P}(30 \leq X \leq 40) = \mathsf{P}\left(\frac{30-50}{20} \leq Y \leq \frac{40-50}{20}\right) = \mathsf{P}(-1 \leq Y \leq -0.5)$$
$$= 0.3413 - 0.1914 = 0.1499 \quad (13.23)$$

(5) $\mathsf{P}(X \leq 20) = \mathsf{P}\left(Y \leq \frac{20-50}{20}\right) = \mathsf{P}(Y \leq -1.5) = 0.5 - 0.4331 = 0.0669$ \hfill (13.24)

(6)
$$\mathsf{P}(20 \leq X \leq 60) = \mathsf{P}\left(\frac{20-50}{20} \leq Y \leq \frac{60-50}{20}\right) = \mathsf{P}(-1.5 \leq Y \leq 0.5)$$
$$= 0.4331 + 0.1914 = 0.6245 \hfill (13.25)$$

ところで，「平均を中心に，プラスマイナス標準偏差の範囲」，$\mathsf{P}(m - \sigma \leq X \leq m + \sigma)$ の確率は覚えておくと便利である．標準正規分布に変換し，表を見て次のようになっている．

$$\mathsf{P}(m - \sigma \leq Y \leq m + \sigma) = \mathsf{P}(-1 \leq X \leq 1) = 0.6826 \fallingdotseq 68\% \hfill (13.26)$$

同様に，「平均を中心に，プラスマイナス 2 倍の標準偏差の範囲」，$\mathsf{P}(m - 2\sigma \leq Y \leq m + 2\sigma)$ の確率も覚えておくと便利である．標準正規分布に変換し，表を見て次のようになっている．

$$\mathsf{P}(m - 2\sigma \leq Y \leq m + 2\sigma) = \mathsf{P}(-2 \leq X \leq 2) = 0.4772 \times 2 = 0.9544 \fallingdotseq 95\% \hfill (13.27)$$

同様に，「平均を中心に，プラスマイナス 3 倍の標準偏差の範囲」，$\mathsf{P}(m - 3\sigma \leq Y \leq < m + 3\sigma)$ の確率も覚えておくと便利である．標準正規分布に変換し，表を見て次のようになっている．

$$\mathsf{P}(m - 3\sigma \leq Y \leq m + 3\sigma) = \mathsf{P}(-3 \leq X \leq 3) = 0.4986 \times 2 = 0.9972 \fallingdotseq 99.7\% \hfill (13.28)$$

第 13 章　演習問題

(1) 確率変数 X が，平均 0，標準偏差 1 の標準正規分布をしているとき，次の確率を，標準正規分布表から求めよ．

  (a) $\mathsf{P}(0 \leq X \leq 1.75)$
  (b) $\mathsf{P}(-1.38 \leq X \leq 0)$
  (c) $\mathsf{P}(0.53 \leq X \leq 2.74)$
  (d) $\mathsf{P}(-1.62 \leq X \leq -0.48)$
  (e) $\mathsf{P}(X \leq -0.79)$
  (f) $\mathsf{P}(-0.25 \leq X \leq 1.63)$

(2) 確率変数 Y が，平均 55，標準偏差 15 の標準正規分布をしているとき，次の確率を，標準正規分布表から求めよ．

  (a) $\mathsf{P}(0 \leq Y \leq 63)$
  (b) $\mathsf{P}(43 \leq Y \leq 55)$
  (c) $\mathsf{P}(48 \leq Y \leq 65)$
  (d) $\mathsf{P}(39 \leq Y \leq 48)$
  (e) $\mathsf{P}(Y \leq 42)$
  (f) $\mathsf{P}(42 \leq Y \leq 74)$

第14章 大数の法則

確率概念の基礎には偶然現象があり，確率の値は，多数回の試行における，事象 A の起きる相対頻度が安定していることが前提であることを説明してきた．

相対頻度の安定性とは，具体的には大数の弱法則と大数の強法則であることも説明してきた．

ここでは，これらの大数の法則が，理論的な枠組みの中で記述でき，論理的に説明できる，つまり証明できることを示す．

14.1 二項分布の相対頻度

硬貨を投げて表の出た回数を調べたり，サイコロを投げて⊡の目が何回出るかは，二項分布をした．

一般に，1回の試行で事象 A が起きる確率を $\mathsf{P}(A) = p$，起きない確率を $\mathsf{P}(A^C) = q = 1-p$ とする．k 回目の試行で A が起きたら 1 を，A が起きなかったら 0 を与える確率変数を X_k とする．

$$S_n = X_1 + X_2 + \cdots + X_n \tag{14.1}$$

は，n 回の試行の中で事象 A が起きた回数を示す．また，$R_n = \frac{S_n}{n}$ は，A の起きる相対頻度を表す．R_n の分布は次のようになる．

$$\mathsf{P}\left(R_n = \frac{k}{n}\right) = \mathsf{P}(S_n = k) = {}_n\mathrm{C}_k p^k q^{n-k} \tag{14.2}$$

$p = q = 0.5$, $n = 50$, $n = 200$ の場合のグラフは次のようになる．

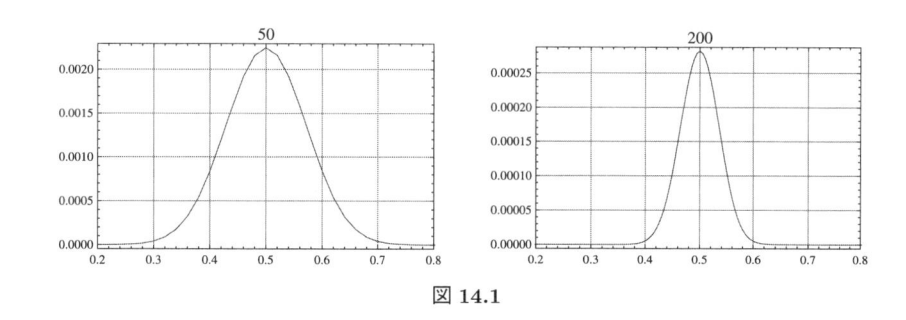

図 14.1

さらに試行の回数を増やしていくと次のようなグラフの変化が見られる．

14.2 大数の弱法則

これらのグラフは，二項分布を理論的に計算して得たグラフであるが，最初の実験結果とよく一致している．

相対頻度 R_n の分布は，n が大きくなるにしたがって，平均値 0.5 の周りに集中してくる．

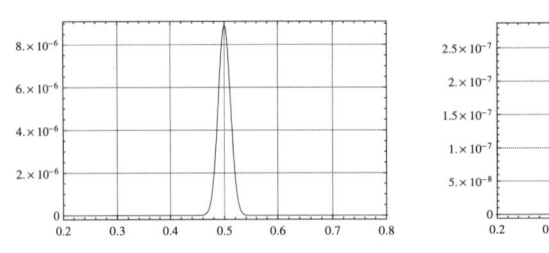

図 14.2

平均値 0.5 を含む範囲をいくら小さくしても，試行の回数を増やせば，ほぼ確実にその小さな範囲に収まるようにできる．これを式で表すと次のようになる．

$$\lim_{n\to\infty} \mathsf{P}\left(\left|\frac{S_n}{n} - 0.5\right| < \varepsilon\right) = 1 \tag{14.3}$$

上の式は硬貨の例であったが，一般に次の事実が成り立つ．

1回の試行で事象 A が起きる確率が $\mathsf{P}(A) = p$，起きない確率が $\mathsf{P}(A^C) = q = 1-p$ のとき，この試行を n 回繰り返したとき A の起きる回数を S_n とする．このとき，任意の数 $\varepsilon > 0$ に対して，次の式が成り立つ．

$$\lim_{n\to\infty} \mathsf{P}\left(\left|\frac{S_n}{n} - p\right| < \varepsilon\right) = 1 \tag{14.4}$$

これを，ベルヌーイの大数の法則という．

さらに一般に次の，大数の弱法則が成り立つ．$X_1, X_2, \cdots, X_n$ が平均が同じ m である独立な確率変数列とする．$S_n = X_1 + X_2 + \cdots + X_n$ とすると，任意の数 $\varepsilon > 0$ に対して，次の式が成り立つ．

$$\lim_{n\to\infty} \mathsf{P}\left(\left|\frac{S_n}{n} - m\right| < \varepsilon\right) = 1 \tag{14.5}$$

この事実は，確率の前提とした公理系とこれまでの定義を合わせると，機械的，論理的に証明することができる．ただし，多少複雑なので，「はじめての確率・統計」と題した本書では省略する．

14.3 大数の強法則

確率を考える前提として，相対頻度の安定性について説明したとき，大数の強法則についても述べた．ここではこの法則が，改めて，理論的な枠組みで表現し，証明できることを紹介する．

強法則は，1人の実験結果を長時間観察した結果であるが，横軸を普通の目盛に取っておくと，なかなか変動の幅が小さくなっていかなかった．そこで，ここでは横軸の時間の対数を取った図を示しておく．

次の図は，10人が10000回行なった実験の経過である．横軸の値，3 というのは，10^3 という意味である．

さらに回数を増やして，100000回行なった結果も示しておく．

このような強法則は，きちんとした形で表すと次のようになる．

$$\mathsf{P}\left(\lim_{n\to\infty} \frac{X_1 + X_2 + \cdots + X_n}{n} = p\right) = 1 \tag{14.6}$$

ところで，具体的な分布としての二項分布の場合，分散は npq であったから，相対頻度 $R_n = \frac{S_n}{n}$

14.3 大数の強法則

10 000

図 14.3

100 000

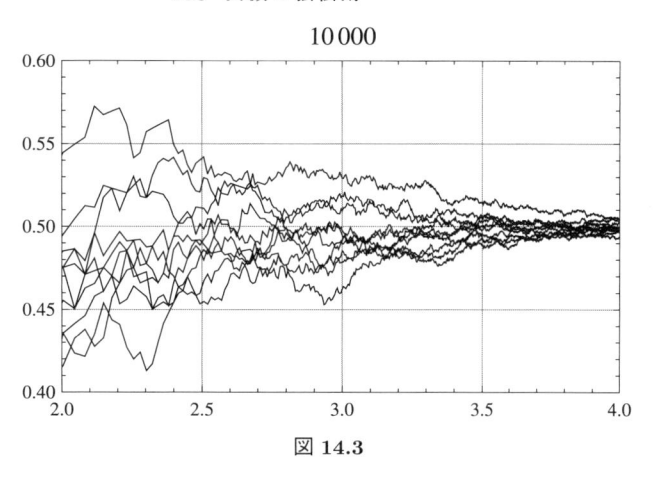

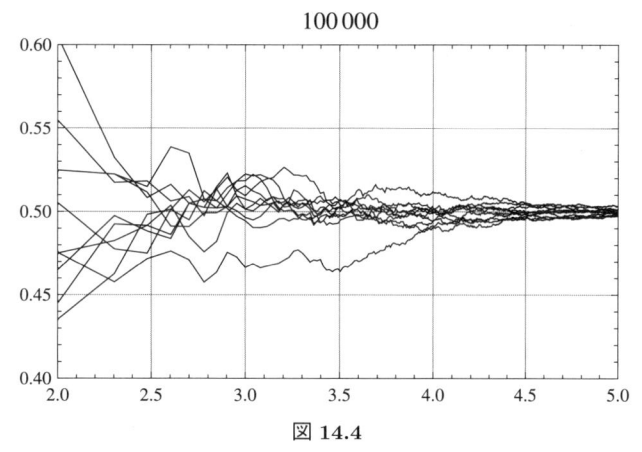

図 14.4

の分散は, $\frac{pq}{n}$ となり, 標準偏差は $\frac{\sqrt{pq}}{\sqrt{n}}$ となる.

この相対頻度の標準偏差 σ の 2 倍の範囲を図示すると次のようになる.

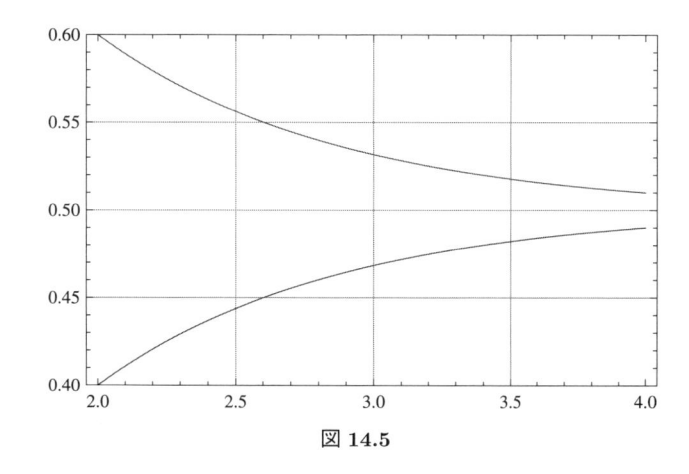

図 14.5

10000 回の相対頻度の変化と同時に示すと次頁の図のようになる.

大数の強法則を, きちんと数式で表現すると, 次のようになる.

「X_1, X_2, $\cdots X_n$ が独立な確率変数列で, 平均と分散について, $E(X_k) = m$, $V(X_k) \leq v$

図 14.6

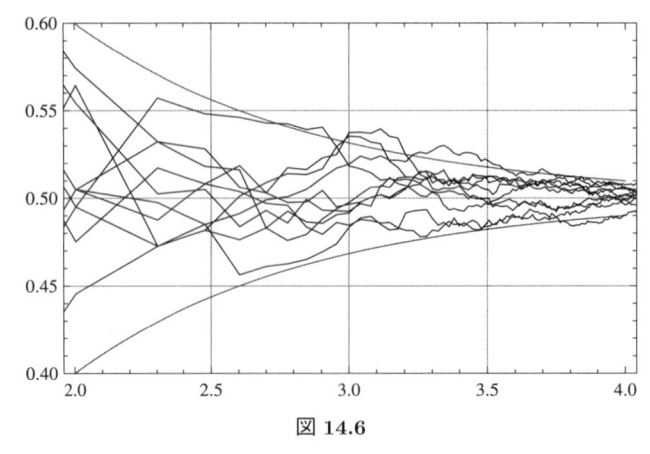

が成り立っていると，次の式が成り立つ．」

$$\mathsf{P}\left(\lim_{n\to\infty}\frac{X_1+X_2+\cdots+X_n}{n}=m\right)=1 \tag{14.7}$$

あるいは，「$E(X_k)=m$, $V(X_k)\leq v$」の代わりに，「$E(|X_k|)<\infty$, $E(X_k)=m$」という条件でも同じである．

これらの定理の論理的・形式的な証明は，「はじめての確率・統計」としてはとりあえず省略する．

第14章 演習問題

(1) 大数の弱法則とはどのような法則か，概略を説明せよ．
(2) 大数の強法則とはどのような法則か，概略を説明せよ．
(3) 大数の弱法則と強法則の関係を説明せよ．

第15章　中心極限定理

15.1　二項分布から正規分布へ

1回の試行で事象 A が起きる確率を，$p = P(A)$ とする．n 回目に事象 A が起きたとき 1 を，起きなかったとき 0 を対応させる確率変数を X_n とする．$S_n = X_1 + X_2 + \cdots + X_n$ とすると，S_n は，「n 回の試行で事象 A が起きた回数」を表す．

S_n の平均は $E(S_n) = np$，分散は $v = V(S_n) = np(1-p) = npq$ となり，標準偏差は $\sigma = \sqrt{v}$ となった．

$$Y_n = \frac{S_n - np}{\sqrt{npq}} \tag{15.1}$$

と変換すると，確率変数 Y_n は，平均 0，標準偏差 1 の分布となるのであった．変換した後の分布は次の図のようになる．

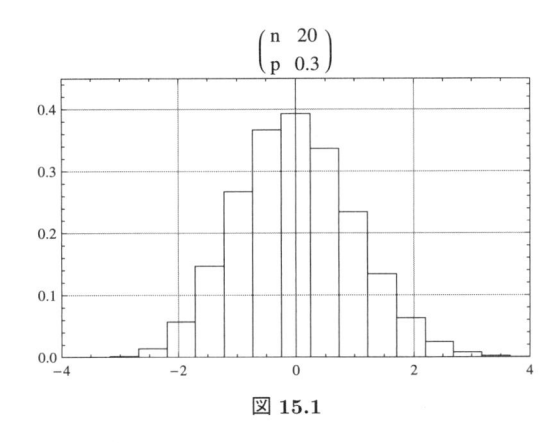

図 15.1

ただし，連続分布との対比ができるように，横の尺度と縦の尺度を変換している．

S_n の n は整数値で，1つ飛びにあり，横幅は 1 となっている．縦の値は，${}_n C_k p^k q^{n-k}$ であり，この値の総和が全確率の 1 になる．横幅が 1 なので，この時点では「高さ＝面積」となっている．$\frac{S_n - np}{\sqrt{npq}}$ と変換することにより，横幅が $\frac{1}{\sqrt{npq}}$ に縮小される．同じ面積を保つために，高さの方を $\sqrt{npq}$ 倍に伸ばす必要がある．

そこで，$S_n = x$ となるところでの，高さを，$y_1(n) = {}_n C_k p^k q^{n-k} \times \sqrt{npq}$ とする．

回数を増やして，100 回とすると次のグラフになる．

さらに増やして，1000 回とするとその次のグラフになる．

このグラフは平均値が 0 で標準偏差が 1 の標準正規分布とほとんど変わらない．

二項分布において，p の値にかかわらず，回数 n を増やして行けば，分布は，正規分布に近くなることが分かる．

この事実を表現した定理は，**中心極限定理**と呼ばれる．次の式で表せる．

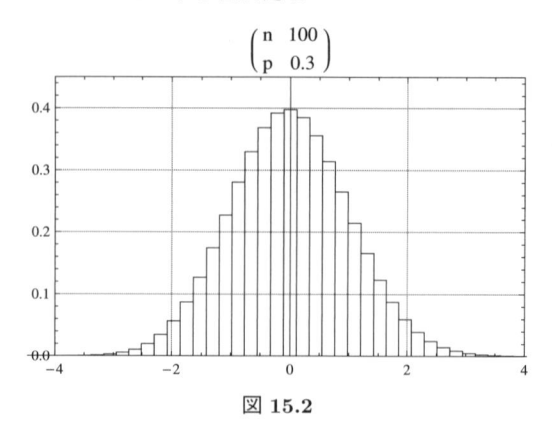

$$\binom{n\ \ 100}{p\ \ 0.3}$$

図 15.2

$$\binom{n\ \ 1000}{p\ \ 0.3}$$

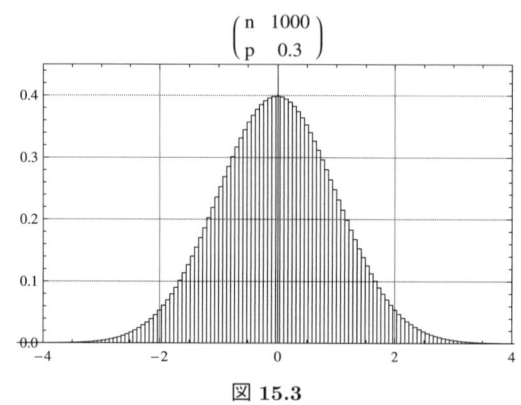

図 15.3

$$\lim_{n\to\infty} \mathsf{P}\left(a < \frac{S_n - np}{\sqrt{npq}} < b\right) = \frac{1}{\sqrt{2\pi}} \int_a^b e^{-\frac{x^2}{2}} dx \tag{15.2}$$

二項分布の方では，$S_n = x$ となるところでの，高さを，

$y_1(n) = {}_n\mathrm{C}_k p^k q^{n-k} \times \sqrt{npq}$ としていた．この値が，正規分布の方の確率密度関数の y 座標でいえば，$\frac{S_n - np}{\sqrt{npq}} = u$ と置いたときの y 座標，$y_2 = \frac{1}{\sqrt{2\pi}} e^{-\frac{u^2}{2}}$ に等しくなっていくことを示せばよい．

$$\lim_{n\to\infty} y_1(n) = y_2 \tag{15.3}$$

実は，中心極限定理はもっと一般的な形で成り立つので，上のような，二項分布が正規分布に近くなっていく場合を，ドモアブル・ラプラスの (中心極限) 定理という場合もある．

「はじめての確率・統計」としては，この定理の証明も省略する．証明は，拙著でいえば，『ファイナンス数学基礎講座第 4 巻 ファイナンスと確率』を参照されたい．

15.2 一般の中心極限定理

さらに一般に，二項分布でなくても，独立確率変数列の和について，同様な定理が成り立ち，中心極限定理と呼ばれる．

「$X_1, X_2, \cdots, X_n$ が独立な確率変数列で，その分布が同じとする．共通の平均と分散を $E(X_k) = m$, $V(X_k) = v < \infty$ とする．$S_n = X_1 + X_2 + \cdots + X_n$ の平均は nm, 標準偏差は $\sqrt{nv}$ となるが，次の式が成り立つ．

が成り立っていると，次の式が成り立つ.」

$$\lim_{n\to\infty} \mathsf{P}\left(a < \frac{S_n - nm}{\sqrt{nv}} < b\right) = \frac{1}{\sqrt{2\pi}} \int_a^b e^{-\frac{x^2}{2}} dx \tag{15.4}$$

n で割ると次の式になるが，これは後で，標本平均の分布で役に立つ．

$$\lim_{n\to\infty} \mathsf{P}\left(a < \frac{\frac{S_n}{n} - m}{\sqrt{\frac{v}{n}}} < b\right) = \frac{1}{\sqrt{2\pi}} \int_a^b e^{-\frac{x^2}{2}} dx \tag{15.5}$$

この中心極限定理が成り立つための条件については，さらに色々な広い条件が知られているが，ここでは省略する．

ここで，正規分布への収束はかなり速く，$n = 9$ 程度でもほとんど正規分布と区別ができないほどである．

例として，0 から 10 までに一様に分布する「一様分布」から 9 個のサンプルを取って，その平均値を，1000 個集めてヒストグラムを描くと次のようになる．左の図は一様分布する元の分布である．

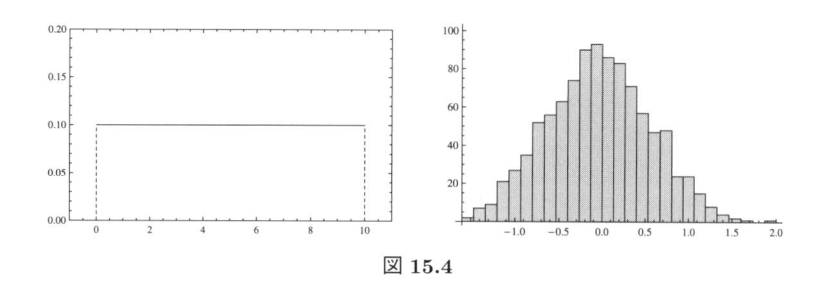

図 **15.4**

[例題 1]

普通のサイコロを 600 回振ると，⚀の目は，期待値 (平均値) が $np = 600 \times 16 = 100$ であるが，95% の確率で起きる，⚀の目がでる回数の範囲を求めよ．ただし，標準正規分布の表が与えられている．

[解] 中心極限定理により，二項分布は正規分布で近似できる．サイコロを 600 回振ったとき，⚀の目がでる回数を表す確率変数 S_n の平均は $m = np = 600 \times \frac{1}{6} = 100$，標準偏差は，$\sqrt{npq} = \sqrt{600 \times \frac{1}{6} \times \frac{5}{6}} = \sqrt{78.2574} = 9.12871 \fallingdotseq 9$ である．100 回を中心に，確率 95% で起きうる回数の範囲は，平均値プラスマイナス 2 倍の標準偏差であるから次のようになる．

$$\mathsf{P}(np - 2\sqrt{npq}) \le S_n \le np + 2\sqrt{npq}) = \mathsf{P}(100 - 2\times 9 \le S_{100} \le 100 + 2\times 9)$$
$$= \mathsf{P}(82 \le S_{100} \le 118) = 0.95 \tag{15.6}$$

つまり，82 回から 118 回となる．

第15章　演習問題

(1) サイコロを 1000 回投げたとき，⚂の目が出る回数について，次の問いに答えよ．
 (a) ⚂の目が出る相対頻度の期待値 (平均値) を求めよ．
 (b) ⚂の目が出る相対頻度の分散と標準偏差を求めよ．

(c) サイコロを 1000 回投げたときの ⚁ の目が出る相対頻度の値が，次の確率で取りうる範囲を求めよ．
　　i) 68%　　ii) 95%　　iii) 99.7%

第16章 データの分析 (1)
ヒストグラムと平均値・最頻値

「統計」というのは,「大量のデータが集まった状態」である.

集まった大量のデータを, その構造が見えるようにするのが,「データ分析」の目的である.

「統計」は, 常に, 具体的な量の集まったものである.「量」というのは長さとか重さとかのことで, 量には質的な面と, 大きさの側面とがある.

データ分析ではその両方の分析が必要であるが, 一般的な「確率・統計」の学習としては, 主として統計の大きさの側面を分析する.

データ分析の学習は具体的な統計の分析から始めよう.

16.1 度数分布表と累積度数分布表

ある病院のある期間に生まれた新生児の体重が次のようになっていた. 単位はグラムである.

480, 490, 490, 560, 680, 860, 900, 980, 1100, 1180, 1250, 1300, 1350, 1490,
1510, 1580, 1630, 1800, 1840, 1970, 1980, 1990, 2040, 2050, 2050, 2230,
2240, 2250, 2260, 2300, 2310, 2360, 2370, 2380, 2390, 2390, 2400, 2410,
2430, 2480, 2480, 2490, 2490, 2490, 2490, 2500, 2550, 2560, 2570, 2590,
2600, 2600, 2640, 2650, 2650, 2660, 2680, 2680, 2700, 2700, 2740, 2800,
2860, 2870, 2900, 2960, 2980, 2990, 3020, 3030, 3060, 3100, 3150, 3180,
3190, 3200, 3270, 3300, 3340, 3360, 3370, 3400, 3460, 3490

小さい値の順に並んではいるが, 全体の様子は必ずしもよくわからない. このデータをわかりやすくするには, 全体をいくつかに, 大きさによって分けて分類することである.

分類する大きさの幅をいくつにするのがよいかは, すぐには決められない. できるだけわかりやすい分類が望ましい.

ここでは, 500 グラム単位で分けてみよう. 分けた結果を次のような表にまとめ, **度数分布表**という.

表 16.1 新生児の体重 (グラム) の度数分布表

体重の範囲	度数 (人数)
0 〜 500 未満	3
500 〜 1000 未満	5
1000 〜 1500 未満	6
1500 〜 2000 未満	8
2000 〜 2500 未満	23
2500 〜 3000 未満	23
3000 〜 3500 未満	16

このような度数分布表に対し, 2000 未満, 2500 未満 等の度数を表にすることもある. 2000 未満 は, それまでの度数をすべて加えて得られる. どんどん足していく度数なので, **累積度数分**

布表と呼ばれる．上の例では次のようになる．

表 16.2 新生児の体重 (グラム) の累積度数分布表

体重の範囲	度数 (人数)
0 〜 500 未満	3
1000 未満	8
1500 未満	14
2000 未満	22
2500 未満	45
3000 未満	68
3500 未満	84

横軸に新生児の体重を取り，縦軸にその範囲の新生児の数を表したグラフは次のようになる．

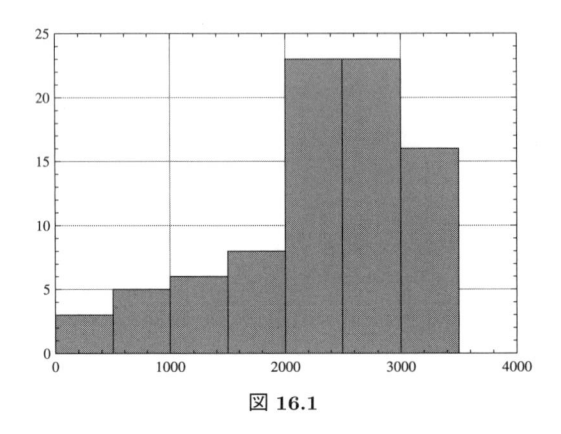

図 16.1

このようなグラフを，ヒストグラム (histogram) あるいは柱状グラフという．

このグラフではちょっと区間の幅が大きすぎるのではないかと思われる人は，200 グラムごとに区切った度数分布表をつくり，それをヒストグラムに描いてみるとよい．

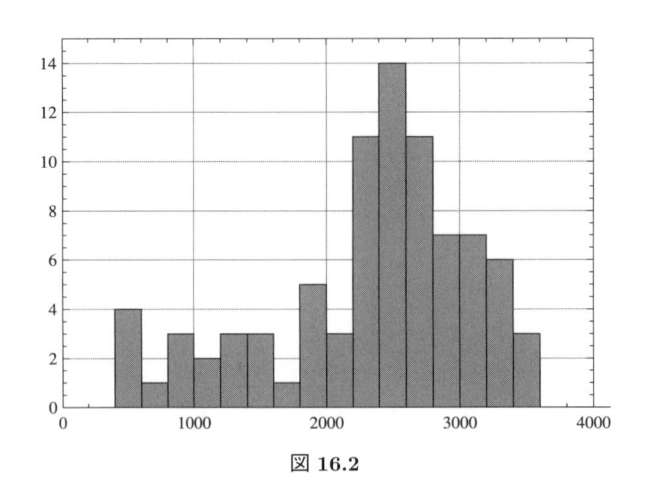

図 16.2

やはり 500 グラム刻みの方が全体の様子がわかりやすいともう人もいよう．どのくらいの刻み幅がよいかは，目的にもよるので一概に決められない．統計の本には刻み幅を決める一般的

公式も書いてある場合があるが，参考にするのはよいとしても，目的を考えながら幅を決めるべきである．

一方，累積度数分布表をグラフにすると次のようになる．

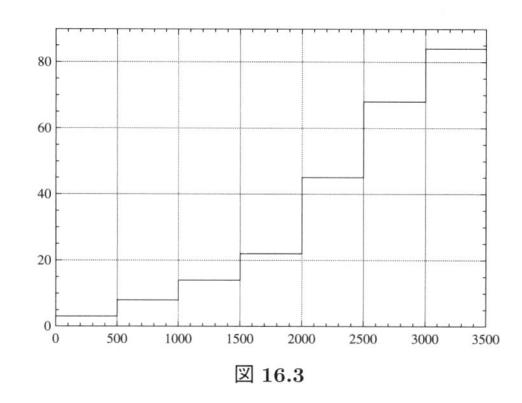

図 **16.3**

16.2 平均値

分布の仕方を全体として表すのはヒストグラムが好都合なのであるが，1つの値で表して他の分布との比較することも便利なことがある．

先にあげた新生児の体重について，「この病院で生まれた新生児のおよその値」として，平均値が使われることがある．

「平均値」は，一般的な意味としては「平均的な値」ではあるが，一定の方式で計算した値のことである．

「平均値」とは，「データの全ての値を加えてそれを度数 (全体の個数) で割った値」のことである．

一般的な表し方をすれば，データの値を，$x_1, x_2, \cdots, x_n$ とするとき，平均値 m は次の式で定められる．

$$m = \frac{x_1 + x_2 + \cdots + x_n}{n} = \frac{\sum_{k=1}^{n} x_k}{n} \tag{16.1}$$

先にあげた新生児の体重の平均値は次のようになる．

$$m = \frac{480 + 490 + 490 + \cdots + 3460 + 3490}{84} = \frac{195540}{84} = 2327.86 \tag{16.2}$$

この「平均値」の意味を理解するために，簡単な例で考えてみよう．

3, 4, 4, 5, 6, 6, 7 の 7 個のデータの平均値は，次のような値である．

$$m = \frac{3 + 4 + 4 + 5 + 6 + 6 + 7}{7} = \frac{35}{7} = 5 \tag{16.3}$$

各値から平均値を引いた数の平均を考えてみる．

$$m = \frac{(3-5) + (4-5) + (4-5) + (5-5) + (6-5) + (6-5) + (7-5)}{7} = \frac{0}{7} = 0 \tag{16.4}$$

つまり，平均値を中心に考えると，大小の釣り合いが取れていて，平均値がバランスの中心に

なっていることがわかる．

これは，ちょうど，シーソーの各所に重りが載っていて，平均値のところがちょうど釣り合いの取れる重心になっていることを意味している．

例えば，2,3,6,9,50 の平均は，$\frac{2+3+6+9+50}{5}=14$ であるが，次の図を見ると納得できよう．

図 16.4

これが 5 人の年収を表していると考えると，200 万円，300 万円，600 万円，900 万円，5000 万円という 5 人の年収に対し，5 人の平均年収は 1400 万円となるが，5 人のうち 4 人までがこの平均年収に達していないことがわかる．

大きな川があり，歩いて渡ろうかと考えていたら，「この川の水深は平均 50 cm です」と標識が立っていたとする．50 cm なら溺れることはないだろうと渡り始めた人がいるが，途中に水深が 2 メートルの箇所がしばらく続き，その人はそこで溺れて死亡したという．

安全基準を「平均値」で示すことは危険であるという例である．

地震でも同じで，「この地方に起きる大地震は前の地震から次の地震が起きるまでの平均年数は 100 年です．この前の地震からまだ 50 年しか経っていませんから，しばらくは大地震は起きません」というのも，安全基準を平均値で示しており，危険な考えである．平均 100 年の中身を見たら，40 年，50 年，50 年，80 年，280 年だったりするかもしれない．50 年までに起きていたことが，5 回中 3 回もあったのである．

「統計にだまされない」ための勉強のひとつが，平均値の意味をきちんと理解しておくことである．

16.3 度数分布表から求める平均値

生のデータが与えられていなくて，度数分布表から平均値を計算しなければならない場合もある．

しかし，次のような場合は簡単である．

10 点満点の小テストを行なった結果，各得点とその度数 (人数) が次のようになっていたとする．

表 16.3 小テストの得点の度数分布表

得点	度数 (人数)
2	3
3	2
4	5
5	8
6	7
7	9
8	2
9	1
10	1

2点が3人いるとき，2+2+2とする代わりに，2×3として平均値を求めればよい．

$$m = \frac{2\times 3 + 3\times 2 + 4\times 5 + 5\times 8 + 6\times 7 + 7\times 9 + 8\times 2 + 9 + 10}{38} = \frac{212}{38} \fallingdotseq 5.6 \tag{16.5}$$

一般式としては，値 x_k の度数が p_k で，総数が $N = p_1 + p_2 + \cdots + p_n$ のときの平均値は次の式で表せる．

$$m = \frac{x_1 p_1 + x_2 p_2 + \cdots + x_n p_n}{N} = \frac{\sum_{k=1}^{n} x_k p_k}{N} \tag{16.6}$$

元々の統計データが連続量であり，度数分布表が区間ごとの度数で与えられている場合はどうするか．

「2g 以上 3g 未満」などの値の範囲のことを，**階級**ということがある．階級などという用語は適切とは思えず，英語のままの「クラス」でいいと思うが，世の中ではけっこう使われている．例えば表 16.4 のように 2g 以上 3g 未満の範囲に 8 個あるといっても，それらの具体的な値がわからないとき，平均値を計算するための手段として，中央の値，2.5g に 8 個が全部あったとして近似して計算する．

表 16.4 ある野菜 1 個の重さの度数分布表

重さ (g) の範囲	度数
2g 以上 3g 未満	8
3g 以上 4g 未満	7
4g 以上 5g 未満	10
5g 以上 6g 未満	15
6g 以上 7g 未満	10

つまり，表 16.4 のようなデータの平均値は次のように計算する．

$$\frac{2.5\times 8 + 3.5\times 7 + 4.5\times 10 + 5.5\times 15 + 6.5\times 10}{50} = \frac{237}{50} = 4.74 \tag{16.7}$$

16.4 最頻値

次のような度数分布をする小テストの結果のデータがあったとしよう．

表 16.5 小テストの得点の度数分布表

得点	度数 (人数)
2	3
3	2
4	9
5	1
6	8
7	7
8	2
9	1
10	1

この 34 人の得点の平均値は，5.44 であるが，一番たくさんの生徒が得点したのは 4 点の 9 人である．この様子がわかるようにヒストグラムを描くと次のようになる．

図 16.5

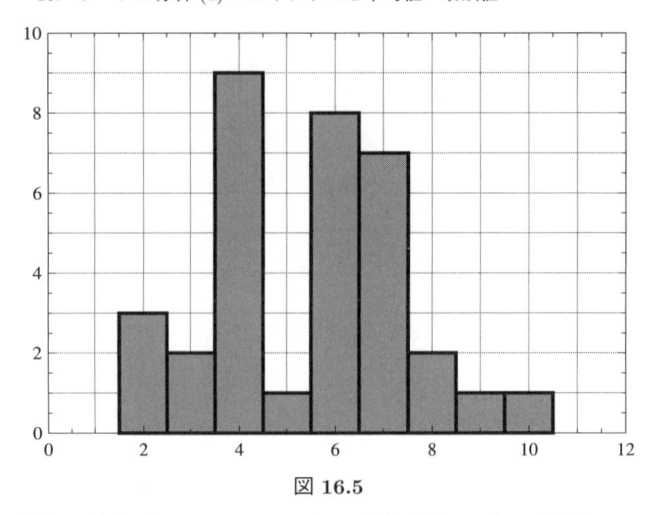

このグラフで一番高い値を取っている，4 を，**最頻値**という．英語では mode というので，モードともいう．同じ得点の生徒が一番多い点数が，4 点であることを意味している．ヒストグラムのグラフでは一番高い部分である．

しかし，データが連続量 (例えば野菜の重さ) であるとき，小数点 2 位以下を四捨五入して小数点 1 位までの数で表してあるような場合を考えてみよう．

2.3, 3.4, 3.4, 3.4, 4.2, 5.0, 6.4, 6.5, 6.7, 6.9, 7.3, 7.6, 8.3, 8.6, 9.2, 10.6

このようなデータの場合，3.4 という値が 3 個もあり，他の数では同じ数が 2 つ以上ある場合が見当たらない．

そこで，分離量のデータと同じように，「3.4 が最頻値」と言っていいだろうか？ 全体を見ると，6 とか 7 のあたりが一番多いように見える．そこで，区切りの幅を 1 とすると，度数分布表とヒストグラムは次のようになる．

表 16.6 ある野菜 1 個の重さの度数分布表 1

重さ (g) の範囲	度数
2 g 以上 3 g 未満	1
3 g 以上 4 g 未満	3
4 g 以上 5 g 未満	1
5 g 以上 6 g 未満	2
6 g 以上 7 g 未満	4
7 g 以上 8 g 未満	2
8 g 以上 9 g 未満	2
9 g 以上 10 g 未満	1
10 g 以上 11 g 未満	1

最も多数の場合が取っている数値は，6 g 以上 7 g 未満である．この場合の最頻値は，「6 g 以上 7 g 未満」の区間であり，ここが最頻値というのにふさわしい．どうしても 1 つの値で言いたいのであれば，この範囲の真ん中の値として，6.5 が最頻値ということになる．

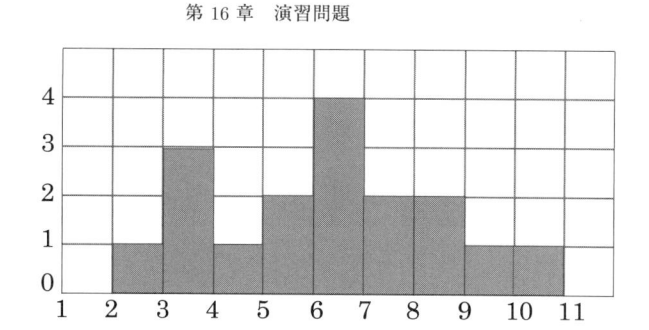

図 16.6

区間の幅が小さすぎて全体の傾向がわかりにくい．こんなとき，区間の幅を 2 にしてみるのであった．

表 16.7 ある野菜 1 個の重さの度数分布表 2

重さ (g) の範囲	度数
2 g 以上 4 g 未満	4
4 g 以上 6 g 未満	3
6 g 以上 8 g 未満	6
8 g 以上 10 g 未満	3
10 g 以上 12 未満	1

このヒストグラムは次のようになる．今度のヒストグラムでは，最も多数のデータがとって

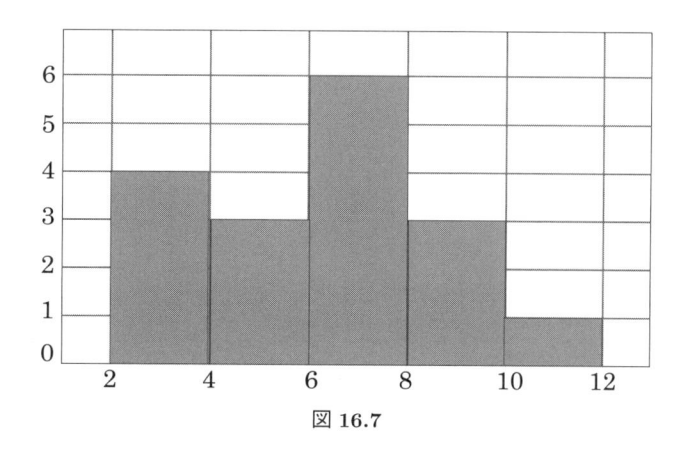

図 16.7

いる値は，6 g 以上 8 g 以下の範囲であり，ここが最頻値となる．どうしても 1 つの値で言いたければ，この範囲の真ん中の値として，7 g が最頻値ということになる．

このように，「最頻値は，データの階級への割り振り方で異なってくる」ということに注意しなければならない．

第 16 章 演習問題

次の 50 個のデータについて，以下の問いに答えよ．
40, 60, 45, 52, 44, 57, 34, 47, 43, 33, 61, 40, 36, 41, 59, 42, 48, 43, 40, 42, 74, 59, 61, 44, 47, 58, 46, 46, 62, 54, 34, 33, 31, 45,

41,64,49,63,60,37,61,46,47,52,56,44,35,40,53,35

(1) 階級の幅を 2 種類,適当に考えて,2 種類の度数分布表を作れ.
(2) 2 つの度数分布表を基にして,2 つのヒストグラムで表せ.
(3) 2 つの累積度数分布表を作れ.
(4) 2 つの累積度数分布表を 2 つのグラフで表せ.
(5) 元のデータの平均値と,2 つの度数分布表からの平均値を求めよ.
(6) 2 つの最頻値を求めよ.

第17章 データの分析(2) パーセンタイル，四分位数，箱ひげ図

17.1 パーセンタイル

パーセンタイル，四分位数，中央値，箱ひげ図，などに共通しているのは，データの値ではなく，順番，序列を元にした統計量，代表値であること．

試験の得点で言えば，得点そのものの分布ではなく，得点の低い順に並べた「順位だけ」についての分析である．

このことを理解するために，次の2つのクラスの試験の得点を例にとって分析してみよう．

クラスAとBがあり，どちらも40人である．20点満点の試験を行なった結果が次のようになったとしよう．

わかりやすいように，はじめから得点の低い点数から高い点数へ順番に並べてある．

クラス A:

0,1,2,3,4,4,4,4,4,7,8,8,9,9,9,9,9,9,10,10,11,11,11,

11,11,11,12,12,15,16,16,16,16,16,16,17,18,19,20

クラス B:

0,0,0,0,0,1,1,2,3,4,5,6,6,6,7,8,9,9,10,10,11,11,12,

13,14,14,14,14,15,16,17,18,19,19,20,20,20,20,20

平均点を計算してみると，どちらのクラスの平均値も同じで，10点であった．しかし，点数の分布の仕方はかなり違うように見える．クラスBでは，0点もたくさんいるが，満点の20点の生徒も多い．やはり，ヒストグラムを描いて比べてみるのがよさそうである．

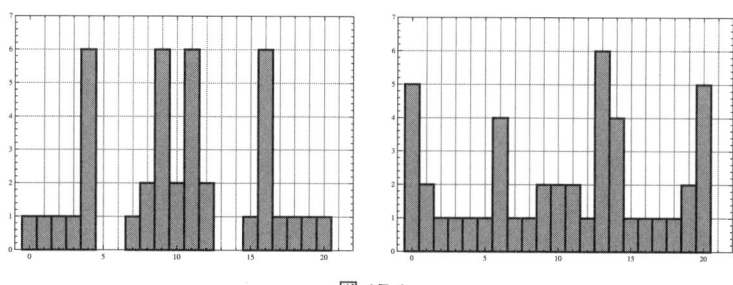

図 17.1

区間の幅を3にしてみるとヒストグラムは次のようになる．

クラスAとBでは，平均点は同じでも，得点の分布はかなり異なることがわかる．

ここで，クラスAとBの生徒の得点を，低いほうから順番に並べている．

40人のクラスの生徒の得点で，ちょうど真ん中の順番の生徒の得点を比較してみる．

40人の真ん中というと，20番目の生徒と考えたくなるが，20番目の人までに20人がいて，21番目から40番目の人までもちょうど20人なので，本当は20番目の人と21番目の真ん中の人がいればいいのだが，いない．そこで，こういう時は，真ん中の2人の得点の平均値を採

図 17.2

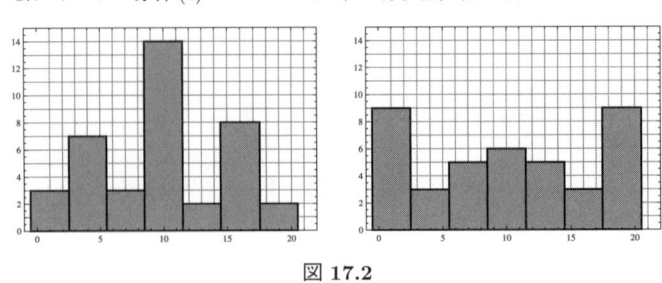

用すればよい．ともに 10 点なので，真ん中の人の得点は 10 点と考えてよい．

17.2 パーセンタイルと中央値

このような，順番に並べた時の，真ん中の数値を，**中央値**という．英語では median で，英語をそのまま使い，メディアンまたはメジアンともいう．

ちょうど真ん中の順位というのは，データの数が奇数ならば真ん中があるが，偶数の場合には真ん中の順番がないのでその両側の値の平均値とする．

モードの値以下の低い得点の人が全体の 50% いるということでもある．

50% との関連で，「小さい順に並べた時の得点で，その得点以下の，より小さい得点の人が何パーセントいるか」を表すこともある．

特に，25% のところの得点を，**25 パーセンタイル**あるいは，**第一四分点**といい，75% のところの得点を，**75 パーセンタイル**あるいは，**第三四分点**という．全体のデータを小さい順番に並べたとき，四等分したところの得点という意味である．

第一四分位点，第三四分位点の順番の値が整数値で定まるときはよいが，25% の順番がない場合には，データの中の値以下に 25% 以上が入るところの数値とする．例えば，データの数が 10 個しかない場合，$10 \times 0.25 = 2.5$ であるから，3 番目の値以下に 25% の値が含まれることになり，四分位数は 3 番目の値とする．

四分位数をこのように定める場合が多いが，他にもいくつかの方法がある．

ただし，50% タイルの値は，10 個のデータの場合，5 番目の値であるが，中央値というときは，5 番目と 6 番目の値の平均値を取る．

しかし，これらの概念はすべて，「順位だけを元にした話」であることに注意すべきである．

次の例 A，B は，ともに 100 個のデータであり，かなり分布が異なる．しかし，第一四分位点，第二四分位点 (中央値)，第三四分位点は全て等しくなってしまう．

データ A:

1,2,3,4,5,6,7,8,9,10,11,12,13,14,15,16,17,18,19,20,21,22,23,24,25,26,27,28,
29,30,31,32,33,34,35,36,37,38,39,40,41,42,43,44,45,46,47,48,49,50,51,52,
53,54,55,56,57,58,59,60,61,62,63,64,65,66,67,68,69,70,71,72,73,74,75,76,
77,78,79,80,81,82,83,84,85,86,87,88,89,90,91,92,93,94,95,96,97,98,99,100

データ B:

1,1,1,1,1,1,1,1,1,1,1,1,1,1,1,1,1,1,1,1,1,1,1,25,25,25,25,25,25,25,25,25,
25,25,25,25,25,25,25,25,25,25,25,25,25,25,25,25,25,50,50,50,50,50,50,50,50,
50,50,50,50,50,50,50,50,50,50,50,50,50,50,50,50,50,75,75,75,75,75,75,75,

75,75,75,75,75,75,75,75,75,75,75,75,75,75,75,75,75,75,75,100,100

第一四分位点は 25 番目で共に 25 の値である．第二四分位点は 50 番目で共に 50 の値である．第三四分位点は 75 番目で共に 75 の値である．

17.2.1 箱ひげ図

箱ひげ図とは，次のような図のことである．縦書きの場合である．
1. 最大値と最小値のところに線を引く．
2. 第一四分位点と第三四分位点のところを長方形で囲む．
3. 中央値 (第二四分位点) のところに線を入れる．

前節のデータ A の箱ひげ図は次のようになる．

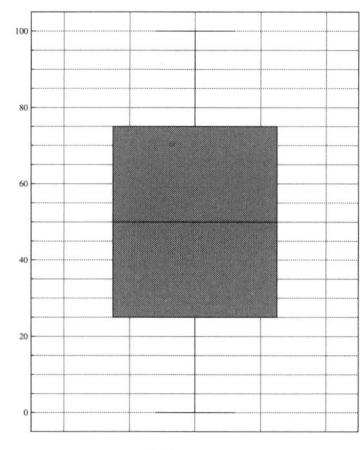

図 17.3

箱ひげ図は，第一四分位点，中央値，第三四分位点のみで決まるので，これらの値が同じ場合には同じ箱ひげ図になる．したがって，データ B の箱ひげ図も全く同じである．

データ A とデータ B は，平均値は 50.5 と 39.74 でかなり異なる．

しかし，場合によっては，箱ひげ図も，平均値も同じデータであるが，ヒストグラムはかなり異なるようなデータもありうる．

次のデータ C とデータ D を比較してみよう．

データ C:

0,0,0,20,40,40,40,40,40,50,70,70,70,70,70,70,70,80,90,90

データ D:

0,0,30,40,40,50,50,50,50,50,50,50,50,50,70,70,70,70,70,90

データ C とデータ D の平均値はどちらも 50 である．また，どちらのデータも，第一四分位数は 40，第二四分位数は 50，第三四分位数は 70 で，共通である．したがって，箱ひげ図も全く同じである．

しかし，ヒストグラムは図 17.5 ように，かなり異なる．

ヒストグラムから箱ひげ図を作ることはできても，箱ひげ図からヒストグラムを再現することはできない．同じ箱ひげ図になるような多様なヒストグラムがありうることを理解しておく

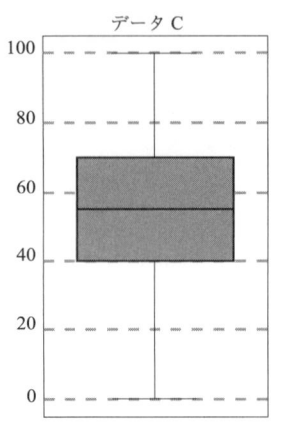

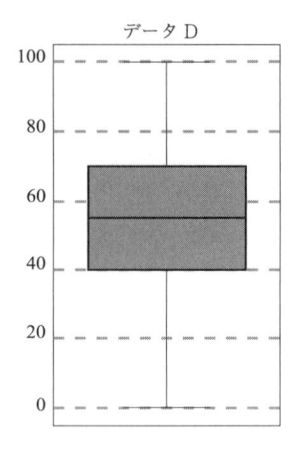

図 17.4

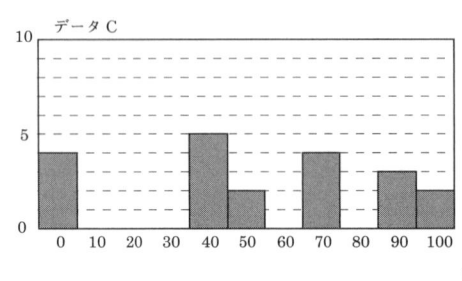

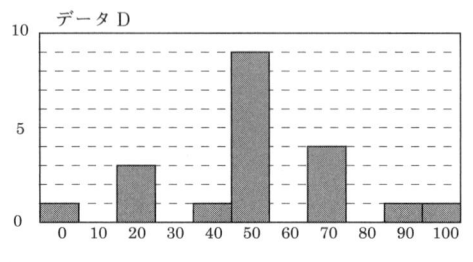

図 17.5

べきである．

　箱ひげ図は，データを順番に並べ，順位で，$\frac{1}{4}$ の所の値，$\frac{1}{2}$ の所の値，$\frac{3}{4}$ の所の値を図に表したものに過ぎないからである．

17.3　分散と標準偏差

　大学の入学試験などで，「社会・数学から 1 科目選択」という場合がある．どの科目も，平均値は同じになるように調整してあったとしよう．日本史と数学について平均値が共に 60 点であったとする．

　しかし，得点分布は次の図のようにかなり異なっていることもある．

　数学では 70 点以上を取る受験生もかなりいるのに，日本史ではほとんどいない．日本史を選択するとあまり差がつかないが，数学を選択するとかなりの差がつくことになる．

　このような 2 つの分布の違いを数量的に表すのが，分散と標準偏差である．

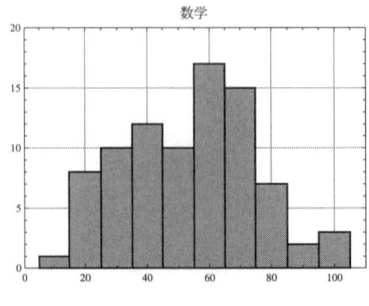

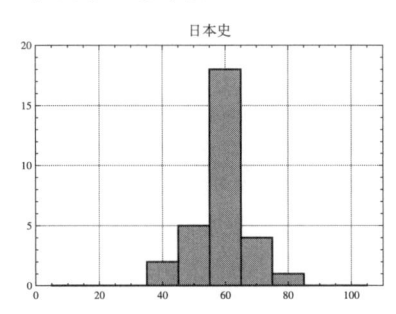

図 17.6

100 個のデータで考えるには計算が大変なので，9 個のデータの場合を考えよう．
データ E:
   1,2,3,4,5,6,7,8,9
データ F:
   3,3,4,4,5,6,6,7,7

いずれのデータも平均値は 5 である．散らばりの程度を表すのに，平均値を基にして，平均値からどのくらい離れているかを考えてみる．

データ E:
   $1-5$, $2-5$, $3-5$, $4-5$, $5-5$, $6-5$, $7-5$, $8-5$, $9-5$
データ F:
   $3-5$, $3-5$, $4-5$, $4-5$, $5-5$, $6-5$, $6-5$, $7-5$, $7-5$

これらの値の和はいずれも 0 になってしまう．これは，各値から単純に平均値を引いたので，プラスもマイナスもあり，プラスとマイナスがキャンセルして 0 になったのである．

そこで，「平均値からの離れ具合」ということであれば，各値から平均値を引いた絶対値を取ってみる．

データ E:
   $|1-5|, |2-5|, |3-5|, |4-5|, |5-5|, |6-5|, |7-5|, |8-5|, |9-5|$

これらの値を加えると，20 となる．9 個で平均すると，$\frac{20}{9} \fallingdotseq 2.2$ となる．この値を，データ E の平均偏差という．

データ F:
   $|3-5|, |3-5|, |4-5|, |4-5|, |5-5|, |6-5|, |6-5|, |7-5|, |7-5|$

これらの値を加えると，12 となる．9 個で平均すると，$\frac{12}{9} \fallingdotseq 1.3$ となる．この値を，データ F の平均偏差という．

一般に，n 個のデータ，$x_{1,2,\cdots,n}$ の平均値を m とするとき，平均偏差は次の式で与えられる．

$$\text{平均偏差} = \frac{\sum_{k=1}^{n} |x_k - m|}{n} \tag{17.1}$$

平均値からの差でなく，最頻値や中央値からの差の平均を扱うこともあるので，きちんと表現するには，英語でも，"average absolute deviation from the mean" という．

ところで，この平均偏差はあまりいい性質を持っていないので，次のように定める分散の方が頻繁に使われる．

分散とは，「各値から平均値を引いて 2 乗した量の平均値」である．

データ E の場合

$$\frac{(1-5)^2 + (2-5)^2 + (3-5)^2 + \cdots + (8-5)^2 + (9-5)^2}{9} \fallingdotseq 6.7 \tag{17.2}$$

データ F の場合

$$\frac{(3-5)^2 + (3-5)^2 + (4-5)^2 + \cdots + (7-5)^2 + (7-5)^2}{9} \fallingdotseq 2.2 \tag{17.3}$$

一般に，n 個のデータ，$x_{1,2,\cdots,n}$ の平均値を m とするとき，分散は次の式で与えられる．

$$\text{分散 } v = \frac{\sum_{k=1}^{n} (x_k - m)^2}{n} \tag{17.4}$$

平均値からの差の2乗の平均値である．

分散は，各値と平均との差を2乗するので少し値が大きくなりすぎることが多い．そこで，2乗したのを元に戻す感じで，分散の平方根を**標準偏差** σ といってよく使用する．

$$標準偏差 \sigma = \sqrt{分散\, v} = \sqrt{\frac{\sum_{k=1}^{n}(x_k - m)^2}{n}} \tag{17.5}$$

第17章 演習問題

次のような50個のデータがある．以下の問いに答えよ．

65, 68, 42, 67, 84, 73, 80, 39, 40, 73, 40, 34, 59, 43, 66, 45, 73, 49, 84, 76, 59, 79, 71, 57, 50, 74, 60, 60, 72, 49, 66, 32, 50, 62, 39, 17, 74, 46, 61, 49, 54, 58, 29, 69, 82, 59, 26, 62, 41, 67

(1) 上のデータを小さい値から大きい値へ，順番に並べよ．
(2) 中央値を求めよ．
(3) 平均値を求めよ．
(4) 度数分布表を作れ．
(5) ヒストグラムを描け．
(6) 第一四分位数を求めよ．
(7) 第三四分位数を求めよ．
(8) 箱ヒゲ図を描け．
(9) このデータの，分散を求めよ．
(10) このデータの，標準偏差を求めよ．

第18章 標本分布，標本平均の分布

何百万人という有権者にすべて聞くわけにいかないとき，何千人というごく一部の人だけの意見を聞いて，全体の様子を推測したりする．

元々の全体のデータの集団を**母集団**といい，その一部の集団のデータを**標本**(サンプル) という．

元々の母集団の分布に対して，標本はどのような分布をするかを知っておかなければ正しい推測ができない．

18.1 標本平均の分布

センター入試のように受験生が極めてたくさんいる試験の結果，平均点が 50 点，標準偏差が 10 点であったとしよう．これを母集団として，ここから大きさ 10 (10 人) の標本を選ぶとする．標本の選び方はいろいろあるが，その度に 10 人の平均値を計算してみる．

標本平均の平均

標本の選び方 20 通りの平均値は，例えば次のようになる．

51.4, 54.6, 46.7, 45.6, 52.4, 54.7, 50.1, 51.0, 47.1, 45.7,
51.9, 55.3, 55.1, 50.9, 44.8, 48.2, 47.1, 51.2, 51.4, 54.9

これら 10 個の平均値を 20 個集めたその平均値は，例えば，50.505 となる．

10 個の平均値を 1000 個集めたその平均値は，例えば，50.1162 となる．

10 個の平均値を 10000 個集めたその平均値は，例えば，50.0129 となる．

10 個のサンプルの平均値をたくさん取っていくと，その平均値は母集団の平均値 50 にいくらでも近くなっていくことがわかる．

このことは，母集団の分布が正規分布しているからではない．母集団が，平均値 50 のポアソン分布している場合に，同様に 10 個のデータの標本平均を，100 個，1000 個，10000 個集めた平均値は次のようになる．

49.693, 49.945, 50.0422

ここで，一般的に，「n 個の標本平均の平均は母集団の平均値と一致する」という事実が成り立ちそうである．

公理から始まる理論展開では次のように表現できる．母集団の分布を表す確率変数を X とし，その平均値を，$E(X) = m$ とする．1 番目のサンプルの値を X_1 とするが，この分布は，母集団の分布と等しい．k 番目のサンプルの値を X_k とするが，分布は X の分布と同じである．$E(X_k) = m$, $V(X_k) = V(X) = v$. この時，次の式が成り立つ．

$$E\left(\frac{X_1 + X_2 + \cdots + X_n}{n}\right) = m \tag{18.1}$$

この式を形式的論理で証明することは難しくはない．

$$E\left(\frac{X_1+X_2+\cdots+X_n}{n}\right) = \frac{E(X_1+X_2+\cdots+X_n)}{n}$$
$$= \frac{E(X_1)+E(X_2)+\cdots+E(X_n)}{n}$$
$$= \frac{m+m+\cdots+m}{n} = \frac{nm}{n} = m \tag{18.2}$$

標本平均の分散

ところで，標本平均の分布について，標本平均の平均値だけを調べてきたが，標本平均の分布の仕方自身を調べてみよう．

10個の標本平均の，20個の分布，100個の分布，1000個の分布，10000個の分布のヒストグラムを描いてみると次のようになる．

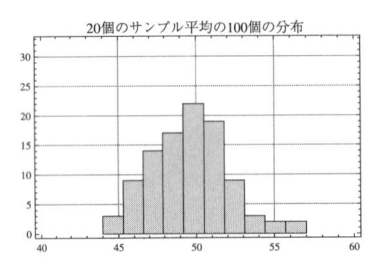

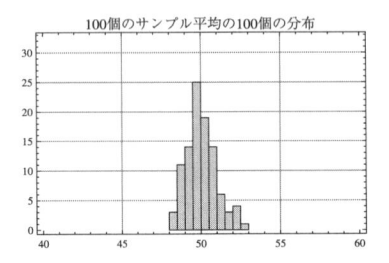

図 18.1

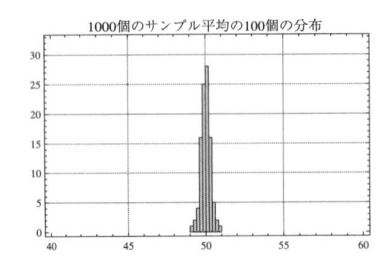

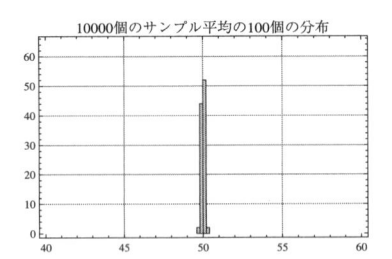

図 18.2

この4つのヒストグラムを見れば，「標本平均が，標本を取る個数を増やしていくと，変動の幅がどんどん小さくなっていく」ことがよくわかろう．

変動の幅は，母集団の分散を $v=\sigma^2$ とし，標本の数を n とすると，標本平均の分散は，次のようになる．

$$\frac{v}{n} = \frac{\sigma^2}{n} \tag{18.3}$$

このことを理論的枠組みで証明してみると次のようになる．ただし，前に示した，$V(aX)=a^2V(X)$ と，独立な確率変数 X, Y の和の分散についての性質，$V(X+Y)=V(X)+V(Y)$ とを使う．

$$V\left(\frac{X_1+X_2+\cdots+X_n}{n}\right) = \frac{V(X_1)+V(X_2)+\cdots+V(X_n)}{n^2}$$

$$= \frac{n\sigma^2}{n^2} = \frac{\sigma^2}{n} \tag{18.4}$$

まとめると，標本平均の分散は $\frac{\sigma^2}{n}$ 標本平均の標準偏差は $\frac{\sigma}{\sqrt{n}}$ である．

[例題 1]

母集団の分布の平均値が 65 で標準偏差が 20 である時，100 個のサンプルの平均値について，次の問いに答えよ．

(1) 100 個のサンプルの平均値を，サンプルを取るごとに計算して求める．この作業を極めて多数回行うと，「100 個の平均値」の平均値はどんな値に近くなっていくか．

(2) 100 個のサンプルの平均値を，サンプルを取るごとに計算して求める．この作業を極めて多数回行うと，「100 個の平均値」の分散はどんな値に近くなっていくか．

(3) 100 個のサンプルの平均値を，サンプルを取るごとに計算して求める．この作業を極めて多数回行うと，「100 個の平均値」の標準偏差はどんな値に近くなっていくか．

[解] (1)「標本平均」の平均値は，母集団の平均値と一致するので，多数回行えばこの値，すなわち 65 に近くなっていく．

(2) n 個のサンプルの標本平均の分散は，$\frac{\sigma^2}{n}$ になるので，この問題では，「標本平均の分散」は，$\frac{20^2}{100} = 4$ になる．

(3)「標本平均の分散」が $\frac{20^2}{100} = 4$ なので，「標本平均の標準偏差」は，$\sqrt{\frac{20^2}{100}} = \sqrt{4} = 2$ となる．

第18章　演習問題

母集団の分布の平均値が 40 で標準偏差が 5 である時，25 個のサンプルの平均値について，次の問いに答えよ．

(1) 25 個のサンプルの平均値を，サンプルを取るごとに計算して求める．この作業を極めて多数回行うと，「25 個の平均値」の平均値はどんな値に近くなっていくか．

(2) 25 個のサンプルの平均値を，サンプルを取るごとに計算して求める．この作業を極めて多数回行うと，「25 個の平均値」の分散はどんな値に近くなっていくか．

(3) 25 個のサンプルの平均値を，サンプルを取るごとに計算して求める．この作業を極めて多数回行うと，「25 個の平均値」の標準偏差はどんな値に近くなっていくか．

第19章 標本分散の分布，不偏分散，不偏標準偏差

19.1 標本の分散

標本の値，$x_1, x_2, \cdots, x_n$ の分散は，平均値を $m = \frac{x_1+x_2+\cdots+x_n}{n}$ とすると，次のように定められた．

$$\frac{\sum_{k=1}^{n}(x_k - m)^2}{n} \tag{19.1}$$

ここで，代表的な分布として，平均値 50，分散 100 (標準偏差 10) の正規分布から，10 個の標本を取って，その標本分散を求めてみる．

ランダムに 10 個の標本を取ると，例えば次のようなサンプルが得られる．

58.1536,　　55.0476,　　57.8126,　　54.0547,　　27.4138,
57.3955,　　45.6009,　　55.8641,　　43.3134,　　41.4949

この標本の平均値は，49.6151 であり，分散は 90.3569 で，母集団の分散 100 と少し異なっている．

サンプルの選び方によるだろうと考え，10 個のサンプルの標本分散を 100 個取って調べ，ヒストグラムにまとめると例えば次のようになる．平均値は，89.3 となり，母集団の分散 100 と

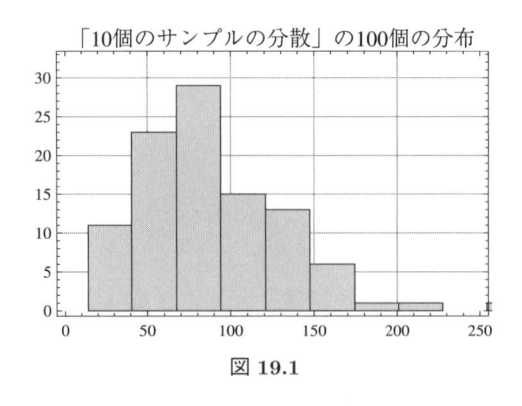

図 19.1

はかなりの違いがある．

事実は，標本の分散は，母集団の分散 σ^2 に対して，$\frac{n-1}{n}\sigma^2$ となる．
このことを理論的な計算で確かめてみる．

ここで，たくさんのサンプルを取るモデルとして，毎回のサンプルの値を確率変数 X_k の実現値と考える．すると，サンプルの分散を表す確率変数は次のようになる．ただし，$\overline{X} = \frac{X_1+X_2+\cdots+X_n}{n}$ である．

$$S_n^2 = \frac{(X_1 - \overline{X})^2 + (X_2 - \overline{X})^2 + \cdots + (X_n - \overline{X})^2}{n} \tag{19.2}$$

この式の平均を求める．そのための変形には，前に示した一般の関係式，$V(X) = E((X-\overline{X})^2) = E(X^2) - \overline{X}^2$，$E(X^2) = V(X) + \overline{X}^2$ を用いる．

$$E\left(\frac{\sum_{k=1}^n (X_k - \overline{X})^2}{n}\right) = \frac{\sum_{k=1}^n E\left(X_k^2 - 2X_k\overline{X} + \overline{X}^2\right)}{n}$$

$$= \frac{\sum_{k=1}^n E(X_k^2) - 2E(\sum_{k=1}^n X_k\overline{X}) + nE(\overline{X}^2)}{n}$$

$$= \frac{\sum_{k=1}^n E(X_k^2) - 2E(\sum_{k=1}^n X_k)\overline{X} + nE(\overline{X}^2)}{n}$$

$$= \frac{\sum_{k=1}^n E(X_k^2) - 2nE(\overline{X}^2) + nE(\overline{X}^2)}{n}$$

$$= \frac{\sum_{k=1}^n E(X_k^2) - nE(\overline{X}^2)}{n} \tag{19.3}$$

ところで，$\sigma^2 = V(\overline{X}_k) = E(\overline{X}_k - m)^2 = E(\overline{X}_k^2) - m^2$ を用い，一方で，$V(\overline{X}) = \frac{\sigma^2}{n}$ でもあった．そこで，$E(\overline{X}^2) = \frac{\sigma^2}{n} + m^2$ となっている．また，$E(X_k^2) = \sigma^2 + m^2$ も代入すると次のように変形される．

$$(S_n^2) = \frac{n(\sigma^2 + m^2) - n\left(\frac{\sigma^2}{n} + m^2\right)}{n} \tag{19.4}$$

$$= \frac{n-1}{n}\sigma^2$$

19.2 不偏分散

サンプルの分散の値をもとにして，平均値が母集団の分散と等しくなるようにするには，上の式変形を見れば，次のような確率変数を取ればよいことがわかろう．

$$U_n^2 = \frac{(X_1 - \overline{X})^2 + (X_2 - \overline{X})^2 + \cdots + (X_n - \overline{X})^2}{n-1} \tag{19.5}$$

この U_n^2 については，$E(U_n^2) = \sigma^2$ となる．これを，(標本の) 不偏分散という．

「不偏」というのは，平均を取れば母集団の統計量 (平均値や分散) になるという意味である．

最近のコンピュータソフト (SPSS や Mathematica 等) では，この $n-1$ で割った (標本) 不偏分散のことを，単に標本分散という場合が多くなっているので注意が必要である．書籍 (例えば，「統計学入門」(東京大学教養学部統計学研究室編，1991 年，184 頁) でも「標本分散」というと，本書で言う不偏分散のことであるとしている場合もあるので注意が必要である．

さらに，不偏分散の平方根は「不偏標準偏差」というわけにはいかない．$E(\sqrt{U_n^2}) = \sigma$ は成り立たないからである．本当の不偏標準偏差は少し複雑なのでここでは省略する．$\sqrt{U_n^2}$ は，「不偏分散の平方根」と言うしかない．

[例題 1]

大きな母集団から取ってきた次のような標本がある．

2, 3, 6, 7, 8

(1) この標本の標本平均を求めよ．
(2) この標本の標本分散 (n で割った) を求めよ．
(3) この標本の不偏分散を求めよ．

[解] (1) $\frac{2+3+6+7+8}{5} = \frac{26}{5} = 5.2$

(2) $\frac{(2-5.2)^2 + (3-5.2)^2 + (6-5.2)^2 + (7-5.2)^2 + (8-5.2)^2}{5} = 5.36$

(3) $\frac{(2-5.2)^2+(3-5.2)^2+(6-5.2)^2+(7-5.2)^2+(8-5.2)^2}{4} = 6.7$

[例題 2]

大きな母集団の平均値が 3.5 で標準偏差が 0.8 であるという．ここから 25 個のサンプルを取り出す．

(1) 25 個のサンプル平均をたくさん取った平均値はおよそいくらか．

(2) 25 個のサンプル平均をたくさん取った分散はおよそいくらか．

(3) サンプル 25 個の標本分散をたくさん取ると，その平均値はおよそいくらか．

(4) サンプル 25 個の不偏分散をたくさん取ると，その平均値はおよそいくらか．

[解] (1) 標本平均の平均は母集団の平均値と一致するので，3.5 となる．

(2) 標本平均の分散は一般に $\frac{\sigma^2}{n}$ となるので，$\frac{0.8^2}{25} = 0.0256$ となる．

(4) 不偏分散の平均は母集団の平均値になるので，サンプル 25 個の不偏分散をたくさん取ると，その平均値は母集団の分散になるので，およそ $0.8^2 = 0.64$ となる．

第 19 章 演習問題

(1) 大きな母集団から取ってきた次のような標本がある．

    4, 5, 8, 8, 9

(a) この標本の標本平均を求めよ．

(b) この標本の標本分散 (n で割った) を求めよ．

(c) この標本の不偏分散を求めよ．

(2) 大きな母集団の平均値が 6.5 で標準偏差が 1.3 であるという．ここから 40 個のサンプルを取り出す．

(a) 40 個のサンプル平均をたくさん取った平均値はおよそいくらか．

(b) 40 個のサンプル平均をたくさん取った分散はおよそいくらか．

(c) サンプル 40 個の標本分散をたくさん取ると，その平均値はおよそいくらか．

(d) サンプル 40 個の不偏分散をたくさん取ると，その平均値はおよそいくらか．

第20章 統計的推定(点推定と区間推定)

一部の標本(サンプル)の結果を元にして,全体の母集団の様子を推測しようというのが「推定」である.

推定するのに「勘」ではなく,確率統計的な合理的方法で推測する方法を,「統計的推定」という.

20.1 点推定

点推定は,母集団の平均値や分散等を1つの値として推定する方法である.

10個の標本平均値が65であるとき,母集団の平均値も65であると推定してよいだろうか?

それでいいだろうと,常識的には考えられるが,確率統計的に見ても,標本平均は何回も多数回取ってみればその平均は母集団の平均値に等しくなるからである.

母集団の平均値をm,標準偏差をσとすると,$\overline{X} = \frac{X_1 + X_2 + \cdots + X_n}{n}$ が標本平均で,その平均は,$E(\overline{X}) = m$ だからである.

$$\text{母集団の平均値} = \text{標本平均} \tag{20.1}$$

とする.

ところが,標本の分散については,「不偏分散の平均が母集団の分散に等しい」が成り立っていた.そこで,標本から母集団の分散をひとつの値として推定するには,標本の不偏分散を用いるのが合理的と考えられる.

$$\text{母集団の分散} = \text{標本の不偏分散} \tag{20.2}$$

20.2 区間推定

母平均は,50から60の間であろう.つまり,$50 < m < 60$ という形で推定するのが区間推定である.

はじめに,話を簡単にするために,母集団が平均値50,標準偏差10(分散100)の正規分布をしているとする.

このとき,標本10個の標本平均 $\overline{X}$ は,平均値が母集団の平均と同じ50であり,標本平均の分散は $\frac{\sigma^2}{n} = \frac{10^2}{10} = 10$ となる正規分布に従う.

標本分布の性質から,平均値プラスマイナス標準偏差の間に入る確率は95%である.つまり,次の式が成り立つ.

$$\mathsf{P}(50 - 2 \times 10 < \overline{X} < 50 + 2 \times 10) = 0.95 \tag{20.3}$$

もしも,現に今調査した10個のサンプル $\{x_{1,2}, \cdots, _n\}$ についてその平均値がこのような95%で成り立つ区間に入っているとすれば,次の不等式が成り立っている.

$$50 - 2 \times 10 < \frac{x_1 + x_2 + \cdots + x_n}{10} < 50 + 2 \times 10 \tag{20.4}$$

この不等式は単純な不等式の式変形で次のようにも表せる.

$$\frac{x_1+x_2+\cdots+x_n}{10} - 2\times 10 < 50 < \frac{x_1+x_2+\cdots+x_n}{10} + 2\times 10 \tag{20.5}$$

ここで，もしも母集団の平均値が 50 と分かっていなくて，m と置いた場合でも,「標本平均が 95% の範囲に入っていれば次の不当式が成り立つ.

$$\frac{x_1+x_2+\cdots+x_n}{10} - 2\times 10 < m < \frac{x_1+x_2+\cdots+x_n}{10} + 2\times 10 \tag{20.6}$$

この不等式で表される区間を,「95%信頼区間」と呼ぶ.

一般に，平均値 m の値がよくわからず，標準偏差は σ の正規分布をしている母集団がある. ここから n 個の標本を取り出して標本平均を調べる. n 個の標本の値を表す確率変数を X_k とし，その平均を表す確率変数を $\overline{X}$ とすると，$\overline{X}$ は，平均 m, 標準偏差 $\frac{\sigma}{\sqrt{n}}$ の正規分布に従うので，次の式が成り立つ.

$$\mathsf{P}\left(m - 2\times \frac{\sigma}{\sqrt{n}} < \overline{X} < m + 2\times \frac{\sigma}{\sqrt{n}}\right) = 0.95 \tag{20.7}$$

ただし，上の式で，2 のところをより精確に 1.96 とする場合もある.

そこで，現に今調べた標本についての平均値が上の不等式を満たしていれば，次の式が成り立つ. ただし，現実のデータが，$x_1, x_2, \cdots, x_n$ で，その平均値が $\overline{x} = \frac{x_1+x_2+\cdots+x_n}{n}$ とする.

$$m - 2\times \frac{\sigma}{\sqrt{n}} < \overline{x} < m + 2\times \frac{\sigma}{\sqrt{n}} \tag{20.8}$$

変形して次の不等式になる.

$$\overline{x} - 2\times \frac{\sigma}{\sqrt{n}} < m < \overline{x} + 2\times \frac{\sigma}{\sqrt{n}} \tag{20.9}$$

これが，標本平均から母集団の平均を推定する，95%信頼区間である.

正規分布表から，68%と 99.7%の信頼区間は次のようになる.

$$\overline{x} - \frac{\sigma}{\sqrt{n}} < m < \overline{x} + \frac{\sigma}{\sqrt{n}} \tag{20.10}$$

$$\overline{x} - 3\times \frac{\sigma}{\sqrt{n}} < m < \overline{x} + 3\times \frac{\sigma}{\sqrt{n}} \tag{20.11}$$

68%, 95%, 99.7%の場合は覚えておいて使えばよいが，他の確率については正規分布表から求めた値を使う.

上の例では，母集団が正規分布するとしてきたが，母集団が正規分布していなくても，中心極限定理のところで述べたように，$X_1 + X_2 + \cdots + X_n$ は，n が大きいと近似的に正規分布する.

[例題 1]

ある農作物の今年の 1 個当たりの重さを推定したい. 平均値は毎年変化するが，標準偏差は毎年変化がなく，5 g であることが分かっている.

今年の 9 個のサンプルを取って調べたところ次のようになっていた.

  25 g, 26 g, 28 g, 30 g, 33 g, 35 g, 36 g, 37 g, 38 g

(1) 68%の信頼区間から今年の母集団の平均値の区間推定をせよ.

(2) 95%の信頼区間から今年の母集団の平均値の区間推定をせよ.

(3) 99.7%の信頼区間から今年の母集団の平均値の区間推定をせよ.
(4) 90%の信頼区間から母集団の平均値の区間推定をせよ.

[解] 標本平均は，中心極限定理により，正規分布すると考えてよい.

この 9 個の標本平均は，$\frac{25+26+28+30+33+35+36+37+38}{9} = 32$ である.

(1) 68%の信頼区間は，
$$\overline{x} - \frac{\sigma}{\sqrt{n}} < m < \overline{x} + \frac{\sigma}{\sqrt{n}} \tag{20.12}$$
により，次のようになる．$\sigma = 5$ であることは分かっている.
$$32 - \frac{5}{\sqrt{9}} < m < 32 + \frac{5}{\sqrt{9}} \tag{20.13}$$
68%の区間推定は次のように定まる.
$$30.3 < m < 33.7 \tag{20.14}$$

(2) 95%の信頼区間は，
$$\overline{x} - 2 \times \frac{\sigma}{\sqrt{n}} < m < \overline{x} + 2 \times \frac{\sigma}{\sqrt{n}} \tag{20.15}$$
により，次のようになる．$\sigma = 5$ であることは分かっている.
$$32 - 2 \times \frac{5}{\sqrt{9}} < m < 32 + 2 \times \frac{5}{\sqrt{9}} \tag{20.16}$$
95%の区間推定は次のように定まる.
$$28.7 < m < 35.3 \tag{20.17}$$

(3) 99.7%の信頼区間は，
$$\overline{x} - 3 \times \frac{\sigma}{\sqrt{n}} < m < \overline{x} + 3 \times \frac{\sigma}{\sqrt{n}} \tag{20.18}$$
により，次のようになる．$\sigma = 5$ であることは分かっている.
$$32 - 3 \times \frac{5}{\sqrt{9}} < m < 32 + 3 \times \frac{5}{\sqrt{9}} \tag{20.19}$$
99.7%の区間推定は次のように定まる.
$$27 < m < 37 \tag{20.20}$$

(4) 標準正規分布の表において，90%となる数値を読み取ると，1.65 ぐらいである.

90%の信頼区間は，
$$\overline{x} - 1.65 \times \frac{\sigma}{\sqrt{n}} < m < \overline{x} + 1.65 \times \frac{\sigma}{\sqrt{n}} \tag{20.21}$$
により，次のようになる．$\sigma = 5$ であることは分かっている.
$$32 - 1.65 \times \frac{5}{\sqrt{9}} < m < 32 + 1.65 \times \frac{5}{\sqrt{9}} \tag{20.22}$$
90%の区間推定は次のように定まる.

$$29.3 < m < 34.8 \qquad (20.23)$$

第20章 演習問題

ある農作物の今年の1個当たりの重さを推定したい．平均値は毎年変化するが，標準偏差は毎年変化がなく，8gであることが分かっている．

今年の16個のサンプルを取って調べたところ次のようになっていた．

18 g,　22 g,　25 g,　30 g,　17 g,　31 g,　21 g,　24 g,
22 g,　30 g,　19 g,　27 g,　33 g,　35 g,　25 g,　27 g

(1) 68%の信頼区間から今年の母集団の平均値の区間推定をせよ．
(2) 95%の信頼区間から今年の母集団の平均値の区間推定をせよ．
(3) 99.7%の信頼区間から今年の母集団の平均値の区間推定をせよ．
(4) 90%の信頼区間から母集団の平均値の区間推定をせよ．

第21章 t 分布による平均値の区間推定

前の章では，母集団の分散・標準偏差は既知であるとした．毎年，分散は変化がなく平均値だけ変化するような場合にはそれでよい．

しかし，一般には母集団の平均も分散もよくわからない場合が多い．このような場合に，標本から母集団の平均値を推定する方法を考えよう．

21.1 t 分布

母集団の分散の代わりになるのはやはり標本の分散であろう．

母集団が，平均値 m，標準偏差 σ のとき，

$$Z_1 = \frac{\overline{X} - m}{\frac{\sigma}{\sqrt{n}}} \tag{21.1}$$

は，平均 0 で標準偏差 1 の標準正規分布をする．

ここで，母集団の標準偏差 σ の代わりに，標本の不偏分散の平方根 U_n を使ってみて，

$$Z_2 = \frac{\overline{X} - m}{\frac{U_n}{\sqrt{n}}} \tag{21.2}$$

とおいて，Z_2 の分布を調べよう．U_n は次の式で与えられる標本の不偏分散の平方根を表す確率変数である．

$$U_n = \sqrt{\frac{\sum_{k=1}^{n}(X_k - \overline{X})^2}{n-1}} \tag{21.3}$$

Z_1 と，Z_2 の分布を比較して調べよう．次の図は，標本数 4 の場合の，Z_1 と Z_2 のサンプルを 10000 個取ってそのヒストグラムを比較したものである．

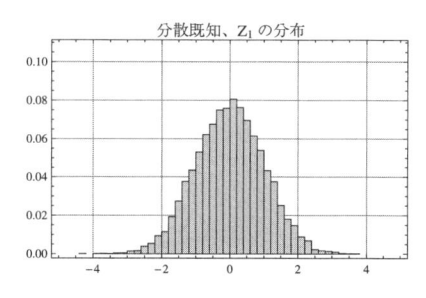

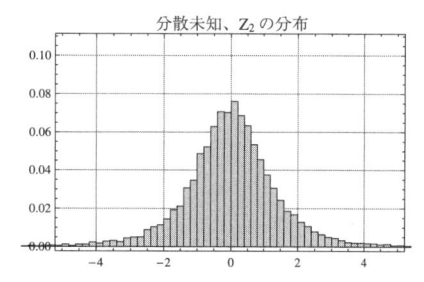

図 **21.1**

分散未知の場合，正規分布に似ているが，正規分布より真ん中付近が低く，広がりは正規分布より広がっていることがわかる．

実は，この Z_2 の分布は，t 分布と呼ばれる確率分布である．t 分布には**自由度**があり，上の例では，$4 - 1 = 3$ である．

t 分布は，標準正規分布と同様，$t=0$ を対称軸とし，左右対称である．t 分布の確率密度関数は多少複雑なのでここでは省略する．

一般に，次の確率変数 t は自由度が $n-1$ の t 分布をする．

$$t = \frac{\overline{X} - m}{\frac{U_n}{\sqrt{n}}} \tag{21.4}$$

ただし，U_n は，標本の不偏分散の平方根である．

$$U_n = \sqrt{\frac{\sum_{k=1}^{n}(X_k - m)^2}{n-1}} \tag{21.5}$$

自由度 3 と 10 の t 分布と標準正規分布のグラフを描いておく．$t=0$ の付近で一番上が標準正規分布，その下が自由度 10 の t 分布，一番下が自由度 3 の t 分布である．

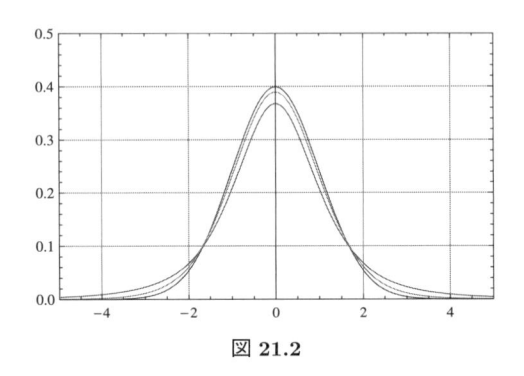

図 21.2

21.2 t 分布表

標準正規分布表と同様に，t 分布表を作っておくと便利である．標準正規分布と違って，自由度ごとに異なる分布なので，細かい値を表にするのは大変である．そこで，右側の網掛けの部分の確率が，0.1, 0.05, 0.025, 0.01, 0.005 の場合に，横軸の t の値だけを次頁に示しておく．

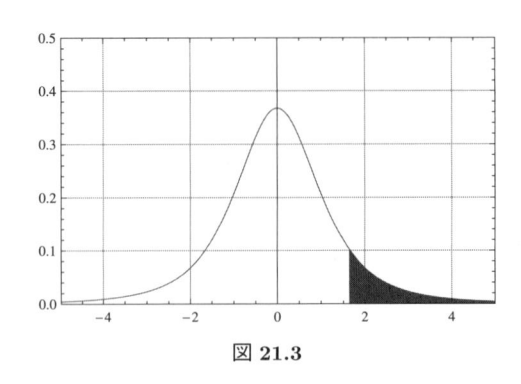

図 21.3

21.3 t 分布を用いた区間推定

標本数 n の標本のデータから母集団の平均値を区間推定する場合，母集団の標準偏差 σ が既知の場合には，次の確率変数 Z_1 が平均値 0 で標準偏差が 1 の標準正規分布することから導け

21.3 t 分布を用いた区間推定

表 21.1 t 分布表

自由度	確率 0.1	確率 0.05	確率 0.025	確率 0.01	確率 0.005
1	3.0777	6.3138	12.7062	31.8205	63.6567
2	1.8856	2.9200	4.3027	6.9646	9.9248
3	1.6377	2.3534	3.1824	4.5407	5.8409
4	1.5332	2.1318	2.7764	3.7470	4.6041
5	1.4759	2.0150	2.5706	3.3649	4.0322
6	1.4398	1.9432	2.4469	3.1427	3.7074
7	1.4149	1.8946	2.3646	2.9980	3.4995
8	1.3968	1.8595	2.3060	2.8965	3.3554
9	1.3830	1.8331	2.2622	2.8214	3.2498
10	1.3722	1.8125	2.2281	2.7638	3.1693
11	1.3634	1.7959	2.2010	2.7181	3.1058
12	1.3562	1.7823	2.1788	2.6810	3.0545
13	1.3502	1.7709	2.1604	2.6503	3.0123
14	1.3450	1.7613	2.1448	2.6245	2.9768
15	1.3406	1.7531	2.1314	2.6025	2.9467
16	1.3368	1.7459	2.1199	2.5835	2.9208
17	1.3334	1.7396	2.1098	2.5669	2.8982
18	1.3304	1.7341	2.1009	2.5524	2.8784
19	1.3277	1.7291	2.0930	2.5395	2.8609
20	1.3253	1.7247	2.0860	2.5280	2.8453
22	1.3212	1.7171	2.0739	2.5083	2.8188
24	1.3178	1.7109	2.0639	2.4922	2.7969
26	1.3150	1.7056	2.0555	2.4786	2.7787
28	1.3125	1.7011	2.0484	2.4671	2.7633
30	1.3104	1.6973	2.0423	2.4573	2.7500
40	1.3031	1.6839	2.0211	2.4233	2.7045
50	1.2987	1.6759	2.0086	2.4033	2.6778
60	1.2958	1.6706	2.0003	2.3901	2.6603
70	1.2938	1.6669	1.9944	2.3808	2.6479
80	1.2922	1.6641	1.9901	2.3739	2.6387
90	1.2910	1.6620	1.9867	2.3685	2.6316
100	1.2901	1.6602	1.9840	2.3642	2.6259
110	1.2893	1.6588	1.9818	2.3607	2.6213
120	1.2886	1.6577	1.9799	2.3578	2.6174
∞	1.2816	1.6449	1.9600	2.3263	2.5758

た．$\overline{X}$ は標本平均を表す確率変数である．

$$Z_1 = \frac{\overline{X} - m}{\frac{\sigma}{\sqrt{n}}} \tag{21.6}$$

今度は，母集団の標準偏差 σ が未知の場合，母集団の標準偏差 σ を標本の不偏分散の平方根 U_n に置き換えた，次の確率変数 t が，自由度 $n-1$ の t 分布をすることから導く．

$$t = \frac{\overline{X} - m}{\frac{U_n}{\sqrt{n}}} \tag{21.7}$$

この時に，95%（0.95）の信頼区間を求めるためには，t 分布表で，自由度 $n-1$ の部分で，$1 - 0.95 = 0.05$ の半分の確率 0.025 に対応する横軸の t の値，t_0 を読み取る．次の式が成り立つ．

$$\mathsf{P}(-t_0 < t < t_0) = 0.95 \tag{21.8}$$

この式を元に戻すと次のようになる.

$$P\left(-t_0 < \frac{\overline{X} - m}{\frac{U_n}{\sqrt{n}}} < t_0\right) = 0.95 \tag{21.9}$$

$$P\left(-t_0 \times \frac{U_n}{\sqrt{n}} < \overline{X} - m < t_0 \times \frac{U_n}{\sqrt{n}}\right) = 0.95 \tag{21.10}$$

$$P\left(\overline{X} - t_0 \times \frac{U_n}{\sqrt{n}} < m < \overline{X} + t_0 \times \frac{U_n}{\sqrt{n}}\right) = 0.95 \tag{21.11}$$

標本がこの不等式を満たしているように取られていれば次の不等式が成り立つ.

$$\overline{x} - t_0 \times \frac{u_n}{\sqrt{n}} < m < \overline{x} + t_0 \times \frac{u_n}{\sqrt{n}} \tag{21.12}$$

ここで, 具体的に得られた標本のデータ $x_{1,2,\cdots,n}$ に対して, $\overline{x} = \frac{\sum_{k=1}^{n} x_k}{n}$ であり, $u_n = \sqrt{\frac{\sum_{k=1}^{n}(x_k - \overline{x})^2}{n-1}}$ である.

90%とか, 99%とかの信頼区間も, t 分布表で該当するところの t の値 t_0 を読めばやり方は同じである. 信頼確率の違いで t_0 の値が異なってくるだけである.

[例題 1]
母集団の平均値も標準偏差もわからない. 10個のサンプルを取ったら次のようなデータが得られた.

20, 27, 42, 48, 51, 52, 57, 62, 70, 71

(1) 90%の信頼度で, 母集団の平均値を区間推定せよ.
(2) 95%の信頼度で, 母集団の平均値を区間推定せよ.
(3) 99%の信頼度で, 母集団の平均値を区間推定せよ.

[解] 標本の平均値は, $\overline{x} = \frac{20+27+42+48+51+52+57+62+70+71}{10} = 50$ である.

標本の不偏分散の平方根は次のようになる.

$$u_n = \sqrt{\frac{(20-50)^2 + (27-50)^2 + \cdots + (71-50)^2}{10-1}} = \sqrt{281.778} = 16.7862 \tag{21.13}$$

(1) t 分布表で, 90%の確率区間になる t_0 を知るには, 自由度 $10-1=9$ の部分で, $1-0.9=0.1$ の半分, 0.05 の部分を読み取り, $t_0 = 1.8331$ となる.

$$\overline{x} - t_0 \times \frac{u_n}{\sqrt{n}} < m < \overline{x} - t_0 \times \frac{u_n}{\sqrt{n}} \tag{21.14}$$

に当てはめて,

$$50 - 1.8331 \times \frac{16.7862}{\sqrt{10}} < m < 50 + 1.8331 \times \frac{16.7862}{\sqrt{10}} \tag{21.15}$$

$$40.3 < m < 59.7 \tag{21.16}$$

(2) t 分布表で, 95%の確率区間になる t_0 を知るには, 自由度 $10-1=9$ の部分で, $1-0.95=0.05$ の半分, 0.025 の部分を読み取り, $t_0 = 2.2622$ となる.

$$\overline{x} - t_0 \times \frac{u_n}{\sqrt{n}} < m < \overline{x} - t_0 \times \frac{u_n}{\sqrt{n}} \tag{21.17}$$

に当てはめて,

$$50 - 2.2622 \times \frac{16.7862}{\sqrt{10}} < m < 50 + 2.2622 \times \frac{16.7862}{\sqrt{10}} \tag{21.18}$$

$$38.0 < m < 62.0 \tag{21.19}$$

(3) t 分布表で，99%の確率区間になる t_0 を知るには，自由度 $10 - 1 = 9$ の部分で，$1 - 0.99 = 0.005$ の半分，0.025 の部分を読み取り，$t_0 = 3.2498$ となる．

$$\overline{x} - t_0 \times \frac{u_n}{\sqrt{n}} < m < \overline{x} - t_0 \times \frac{u_n}{\sqrt{n}} \tag{21.20}$$

に当てはめて，

$$50 - 3.2498 \times \frac{16.7862}{\sqrt{10}} < m < 50 + 3.2498 \times \frac{16.7862}{\sqrt{10}} \tag{21.21}$$

$$32.7 < m < 67.3 \tag{21.22}$$

第21章　演習問題

母集団の平均値も標準偏差もわからない．15個のサンプルを取ったら次のようなデータが得られた．
　52, 38, 34, 54, 44, 44, 34, 48, 29, 50, 38, 36, 34, 33, 73
(1) 90%の信頼度で，母集団の平均値を区間推定せよ．
(2) 95%の信頼度で，母集団の平均値を区間推定せよ．
(3) 99%の信頼度で，母集団の平均値を区間推定せよ．

第22章 統計的検定

22.1 検定の考え方

具体例で考えよう．硬貨が普通の硬貨か，細工が施されていて表や裏が出やすい硬貨かを調べたい．そこで，この硬貨を 1000 回投げてみた結果，表が出た回数が 540 回だったとしよう．

硬貨が普通の硬貨で，表と裏の出る確率がともに $\frac{1}{2}$ だとして，「1000 回投げて 540 回表（表の出た相対頻度は $\frac{540}{1000} = 0.54$）」という結果が，普通に起きることか，めったに起きないことかで判断しようとする．

そのためには，「普通の硬貨を 100 回投げた時の表の出る相対頻度」についての法則を知らなければならない．

1 回の試行で事象 A の起きる確率が $\mathsf{P}(A) = p$ としたとき，この試行を n 回独立に繰り返したとき，A の起きる回数を表す二項分布の平均が np，標準偏差が $\sqrt{np(1-p)}$ であり，相対頻度 $\overline{X}$ について，平均が p，標準偏差が $\frac{\sqrt{p(1-p)}}{\sqrt{n}}$ であった．これまで学んできた，「中心極限定理により正規分布で近似できる」ということを使うと，95%で成り立つ不等式が次のようになる．

$$\mathsf{P}\left(p - 2\frac{\sqrt{p(1-p)}}{\sqrt{n}} < \overline{X} < p + 2\frac{\sqrt{p(1-p)}}{\sqrt{n}}\right) = 0.95 \tag{22.1}$$

ここで，$p = 0.5$，$n = 1000$ を代入すると次のようになる

$$\mathsf{P}(0.468377 < \overline{X} < 0.531623) = 0.95 \tag{22.2}$$

ところが，実際に硬貨を 1000 回投げた時の表の出た相対頻度は 0.54 であったから，この範囲に含まれていない．

この結果をどのように解釈するかである．「5%しか起きない珍しいことが起きた」と考えるか，「もともと普通の硬貨ではなく，何らかの細工をしたイカサマの硬貨であろう．」と考えるかである．

「統計的検定」の考えとは，「5%の珍しいことが起きたと考えずに，前提にした，「表が出る確率は $\frac{1}{2} = 0.5$ と考えたことが間違っている．」とするのである．

最初の，否定されることが前提であるかのような仮定を，**帰無仮説**といい，否定したが起こる可能性もある確率 95%を，**有意水準**といい，反対の確率 0.05 を，**危険率**という．

帰無仮説が正しかったのに棄却してしまったことも 5%の確率で起きるが，この誤りを，**第一種の過誤**という．

ところで，帰無仮説を棄却するか否かは，有意水準によって変わってくる．有意水準を 99%とすると，標準正規分布表から，標準正規分布をする確率変数 Z について，

$$\mathsf{P}(-2.58 < Z < 2.58) \tag{22.3}$$

である．硬貨の場合に置き換えると次の式が成り立つ．

$$\mathsf{P}\left(p - 2.58\frac{\sqrt{p(1-p)}}{\sqrt{n}} < \overline{X} < p + 2.58\frac{\sqrt{p(1-p)}}{\sqrt{n}}\right) = 0.99 \tag{22.4}$$

ここで，$p = 0.5$，$n = 1000$ を代入すると次のようになる．

$$\mathsf{P}(0.459207 < \overline{X} < 0.540793) = 0.99 \tag{22.5}$$

今度は，実際に現在硬貨を 1000 回投げた時の表の出た相対頻度は 0.54 であったから，この範囲に含まれている．

この場合，「硬貨の表が出る確率は 0.5」という，帰無仮説は否定されない．95%の有意水準では棄却されたが，99%の有意水準では棄却されなかった，ということになる．

否定されないということは，積極的に「硬貨の表が出る確率は 0.5」が正しいと主張しているわけではない．「硬貨の表が出る確率は 0.52」かもしれないからである．

「帰無仮説が否定されない．」ということから，「帰無仮説が積極的に肯定された」ことにはならないことに注意したい．「帰無仮説が正しくないのに，棄却されなかった」という誤りを，第二種の過誤という．

書籍によっては，「帰無仮説が棄却されなかったとき，帰無仮説を採択する」と表現している場合もあるので注意が必要である．

22.2 母集団の平均値の検定 (分散既知)

ある養鶏場では，新しい餌を与えて，卵 1 個の重さに変化があったかどうかを検定したい．今までの餌では卵の重さの平均値は 65 g であった．新しい餌を与えたところ，25 個のサンプルを選んで重さを調べたところ，サンプルの平均値が 67.5 g であった．ただし，今までの研究から，餌を変えても卵の重さの標準偏差は 5 g と，一定であることは分かっている．

統計的な検定をするには，平均値が 65 g の母集団からサンプルを 25 個取った時の標本平均の分布が，平均値 65 g で標準偏差は $\frac{5}{\sqrt{25}}$ の正規分布をするとして，95%で起こりうる範囲を求める．

$$\mathsf{P}\left(65 - 2 \times \frac{5}{\sqrt{25}} < \overline{X} < 65 + 2 \times \frac{5}{\sqrt{25}}\right) = 0.95 \tag{22.6}$$

$$\mathsf{P}(63 < \overline{X} < 67) = 0.95 \tag{22.7}$$

現に今調べた標本平均は 67.5 g で，上の範囲に入っていない．そこで，「5%の危険率で，平均値は変わらないという仮説は棄却される」ということになる．

しかし，危険率を 1%(有意水準 99%) とすると次のようになる．

$$\mathsf{P}\left(65 - 2.58 \times \frac{5}{\sqrt{25}} < \overline{X} < 65 + 2.58 \times \frac{5}{\sqrt{25}}\right) = 0.99 \tag{22.8}$$

$$\mathsf{P}(62.42 < \overline{X} < 67.58) = 0.99 \tag{22.9}$$

サンプルの平均値 67.5 g は上のように 99%の確率で起きる範囲に含まれている．したがって，「母集団の平均値が 65 g という仮説は棄却されない」ということになる．99%の確率で起きることがある一つが起きたと考えられる，というわけである．

[例題 1]

ある農家は，さつまいもの生産をしているが，どの肥料を与えると1個当たりの重さが増えるかを調査している．標準的な肥料では1個あたりの重さは200gで，標準偏差は15gであるという．肥料を変えても標準偏差は同じ15gであることが分かっている．

今年，新しく開発された肥料を与えたさつまいもが収穫され，16個のサンプルを調べたら次のような重さになっていた．

$\quad\quad$ 214g, $\quad$ 219g, $\quad$ 219g, $\quad$ 234g, $\quad$ 205g, $\quad$ 209g, $\quad$ 207g, $\quad$ 177g,

$\quad\quad$ 210g, $\quad$ 210g, $\quad$ 222g, $\quad$ 208g, $\quad$ 211g, $\quad$ 186g, $\quad$ 227g, $\quad$ 168g

新しい肥料を与えたさつまいもの重さは，元の平均200gのさつまいもと同じであると言えるか，(1) 95%, (2) 99%の有意水準（危険度は5%と1%）で検定せよ．

[解] 一般に，母集団の平均 m, 標準偏差 σ のとき，n 個の標本平均 $\overline{X}$ は正規分布すると考えてよく，その平均値は m で，標準偏差は $\frac{\sigma}{\sqrt{n}}$ であった．次の式が成り立つ．

$$\mathsf{P}\left(m - 2 \times \frac{\sigma}{\sqrt{n}} < \overline{X} < m - 2 \times \frac{\sigma}{\sqrt{n}}\right) = 0.95 \tag{22.10}$$

$$\mathsf{P}\left(m - 2.58 \times \frac{\sigma}{\sqrt{n}} < \overline{X} < m - 2.58 \times \frac{\sigma}{\sqrt{n}}\right) = 0.99 \tag{22.11}$$

ここで，この問題の数値，$m = 200$, $n = 16$, $\sigma = 15$ を代入すると次のようになる．

$$\mathsf{P}\left(192.5 < \overline{X} < 207.5\right) = 0.95 \tag{22.12}$$

$$\mathsf{P}\left(190.3 < \overline{X} < 209.7\right) = 0.99 \tag{22.13}$$

ここで，現に得られた標本の平均値は，207.9 であった．

(1) この値は95%のときの範囲に含まれていないので，棄却され，「新しい肥料は効果があった」と言える．

(2) しかし，99%のときの範囲には含まれているので，99%では棄却されず，「新しい肥料は効果があったとは言えない」と言える．

22.3 母集団の平均値の検定 (分散未知の t 検定)

プリンターの製造会社がある企業に営業にやって来た．カラープリンターの性能向上を訴えている．「従来の機械は1分間に100枚でしたが，今回の新しい機種は1分間に110枚です」と説明している．そこで，この企業ではテストしてみることになった．1分間の印刷枚数を6回行なったところ，実際に印刷できた枚数は

$\quad\quad$ 97枚, 98枚, 99枚, 100枚, 106枚

この実験結果から，「110枚に向上している」という営業マンの主張は信用できるだろうか？検定してみよう．

母集団の平均値，つまり，1分間に印刷できる枚数の平均値を110枚と仮定して，これをサンプルから検定する．この際，母集団の標準偏差は未知であるとする．母集団の標準偏差が未知のとき，次の確率変数は自由度 $5 - 1 = 4$ の t 分布をするのであった．

$$t = \frac{\overline{X} - 110}{\frac{U_5}{\sqrt{5}}} \tag{22.14}$$

ここで,有意水準を 95％として,t 分布表で,自由度が $5-1=4$ の値を読み取ると,$t_0 = 2.7764$ が得られる.この値を使って,95％の確率で成り立つ範囲は次のようになる.

$$\mathsf{P}(-2.7764 < t < 2.7764) = 0.95 \tag{22.15}$$

ここで,具体的に得られたサンプルから計算した t の値がこの範囲に入っているかどうかを調べる.ここで,具体的な標本平均は,$\overline{x} = \frac{97+98+99+100+106}{5} = 100$,標本の不偏分散の平方根は次の値である.

$$u_5 = \sqrt{\frac{\sum_{k=1}^{5}(x_k - 100)^2}{5-1}} = 3.5355 \tag{22.16}$$

これらの値を代入して,

$$t = \frac{\overline{x} - 110}{\frac{u_5}{\sqrt{5}}} = -6.3245 \tag{22.17}$$

この値は,$-2.7764 < t < 2.7764$ の範囲に入っていない.ということは,母集団の平均が 110 という仮説は棄却されることになる.「危険率 5％で」ではあるが.

ところで,有意水準を 99％とすると,t 分布の値が異なってくる.t 分布表から求めると,$t_0 = 4.6041$ となる.この値を使って,99％の確率で成り立つ範囲は次のようになる.

$$\mathsf{P}(-4.6041 < t < 4.6041) = 0.99 \tag{22.18}$$

現に得られた標本についての t の値は次の通りであった.

$$t = \frac{\overline{x} - 100}{\frac{u_5}{5}} = -6.32456 \tag{22.19}$$

この値は,$-4.6041 < t < 4.6041$ の範囲に入っていない.

したがって,「危険率 1％では,母集団の平均値が 110 であることは棄却される」という結論になる.

[例題 2]

ある工業機械から生産される製品の長さが,これまで平均値は 67 cm であった.分散については不明である.ところが機械が古くなったので新しい機械を導入した.

サンプルを 16 個取って調べたら,次のような長さになった.

　　74 cm,　　76 cm,　　67 cm,　　71 cm,　　65 cm,　　67 cm,　　69 cm,　　69 cm,
　　63 cm,　　58 cm,　　78 cm,　　77 cm,　　77 cm,　　75 cm,　　72 cm,　　71 cm

この結果から,新しい機械でも製品の長さの平均値は変化がなかったと言えるか.危険率 5％の場合と 1％の場合について検定せよ.

[解] 母集団の分散が未知なので t 分布を使う.自由度 $16 - 1 = 15$ の t 分布表で,左右の両端の確率が 5％と 1％になる場合の t の値は,$t_0 = 2.1314$ と $t_0 = 2.9467$ である.したがって次の式が成り立つ.

$$\mathsf{P}(-2.1314 < t < 2.1314) = 0.95 \tag{22.20}$$

$$\mathsf{P}(-2.9467 < t < 2.9467) = 0.99 \tag{22.21}$$

ところで,標本平均は $\overline{x} = \frac{74+76+\cdots+71}{16} = 70.56$ である.この標本の不偏分散の平方根は,

$$u_{16} = \sqrt{\frac{\sum_{k=1}^{16}(74-70.56)^2 + (76-70.56)^2 + \cdots + (71-70.56)^2}{16-1}} = 5.64469 \quad (22.22)$$

となる．したがって，現に得られた標本についての t の値は次の通りであった．

$$t = \frac{\overline{x} - 67}{\frac{u_{16}}{\sqrt{16}}} = 2.52449 \quad (22.23)$$

この値は，$-2.1314 < t < 2.1314$ の範囲には入っていないが，$-2.9467 < t < 2.9467$ の範囲には入っている．

ということは，95%の有意水準 (5%の危険率) では帰無仮説は棄却されるが，99%の有意水準 (1%の危険率) では，帰無仮説は棄却されないということになる．

すなわち，5%の危険率では新しい機械での製品の長さはは変化があると言えるが，1%の危険率では長さに変化が生じたとは言えないという判断になる．

第22章 演習問題

ある畑から生産される農作物の1個当たりの重さが，これまで平均値は 24 g であった．分散については不明である．ところで，新しい肥料を与えて1個当たりの重さを増やしたいとした．サンプルを16個取って調べたら，次のような長さになった．新しい肥料を与えた畑から収穫されたこの農作物の1個あたりの重さは次のようであった．

23 g, 30 g, 27 g, 22 g, 25 g, 28 g, 19 g, 25 g,
24 g, 26 g, 26 g, 27 g, 32 g, 31 g, 25 g, 18 g

この結果から，新しい肥料を施しても，1個当たりの重さの平均値は変化がなかったと言えるか．危険率 5% の場合と 1% の場合について検定せよ．

第23章 比率の推定と検定

全世帯の中で，あるテレビ番組を見ている世帯の割合つまり視聴率，全有権者の中で，時の内閣を支持している有権者の割合つまり，内閣支持率，等を母集団の比率という．

全世帯や全有権者について調べるのは大変なことなので，一部の少数のサンプルについて調査し，その結果から母集団の比率を推定したり検定することを学ぶ．

23.1 母集団の比率の推定

あるテレビ番組，例えばテレビで年末恒例のNHK紅白歌合戦の視聴率を例に扱おう．

全世帯での視聴率を $p = 0.4$ ($q = 1 - p = 0.6$) としよう．これは，視聴していたら1を，視聴していなかったら0を対応させる確率変数 X を考えると，$E(X) = p$ となる．

この母集団から標本数 $n = 600$ のサンプルを取り出す．視聴率の調査は専門の会社が行っており，サンプルを選んだ世帯には機械を設置し，常にどの番組を見ているかがわかり，集計できるようにしている．わずかの礼金を払って．k 番目のサンプルの，「視聴していたら1を，視聴していなかったら0」を対応させる確率変数を X_k とすると，この分布は独立で，X の分布と同じである．n 個のサンプルの視聴している世帯数 X_k の和を $S_n = \sum_{k=1}^{n} X_k$ と置く．S_n の分布は二項分布と呼ばれ，次のようになっていた．

$$\mathsf{P}(S_n = k) = {}_nC_k p^k q^{n-k} \tag{23.1}$$

S_n の平均は np であり，分散は npq，標準偏差は $\sqrt{npq}$ である．

サンプルの視聴率は S_n を n でわった，X_k の平均値 $\overline{X}$ である．

$$\overline{X} = \frac{S_n}{n} = \frac{\sum_{k=1}^{n} X_k}{n} \tag{23.2}$$

$\overline{X}$ の平均は $E(\overline{X}) = p$，分散は $\frac{npq}{n^2} = \frac{pq}{n}$，標準偏差は $\sqrt{\frac{pq}{n}}$ となる．

二項分布のまま，標本平均が右端で5%の確率になる値を求めるには，次のような k の値を求めることになる．

$$\sum_{i=1}^{k} {}_nC_i p^i q^{n-i} = 0.95 \tag{23.3}$$

このような値 k を求めるのは普通は大変なのでやらないが，コンピュータとその数学ソフトが発達したのでソフトを使えばそれなりに求められる．

しかし，ここでは，中心極限定理を活用し，サンプルの相対比率は，平均値が p，標準偏差が $\sqrt{\frac{pq}{n}}$ の正規分布で近似する．したがって，95%の区間は次のようになる．

$$\mathsf{P}\left(p - 2 \times \sqrt{\frac{pq}{n}} < \overline{X} < p + 2 \times \sqrt{\frac{pq}{n}}\right) = 0.95 \tag{23.4}$$

具体例で，$n = 600$，$p = 0.4$，$q = 1 - p = 0.6$ のときは次のようになる．

$$\mathsf{P}(0.36 < \overline{X} < 0.44) = 0.95 \tag{23.5}$$

今度は，母集団の比率 (紅白歌合戦の視聴率) p が不明で，600 世帯のサンプルでの視聴率が $\overline{x} = 0.42$ と分かっている場合に p を推定する方法を考えよう．

もし，得られたサンプルが，95%の確率で起こる範囲に入っているとすると，次の不等式が成り立つ．

$$p - 2 \times \sqrt{\frac{p(1-p)}{600}} < 0.42 < p + 2 \times \sqrt{\frac{p(1-p)}{600}} \tag{23.6}$$

この不等式から p の範囲を求めるには，p について解かなければならない．

手計算で求めるのは大変であるが，コンピュータの数学ソフトを使えば簡単に求められる．

$$0.409844 < p < 0.490818, \qquad 0.41 < p < 0.49 \tag{23.7}$$

手計算で求めるには，$\sqrt{\frac{p(1-p)}{600}} \fallingdotseq \sqrt{\frac{0.45(1-0.45)}{600}} = 0.0203101$ を使うと不等式が次のようになる．

$$p - 2 \times 0.0203101 < 0.42 < p + 2 \times 0.0203101 \tag{23.8}$$

$$0.40938 < p < 0.49062, \qquad 0.41 < p < 0.49 \tag{23.9}$$

きちんと不等式を解いて p の範囲を求めても，$\sqrt{p(1-p)}$ の p に標本の比率を代入して近似的に計算しても，小数第 2 位までなら全く同じ結果が得られる．そこで，通常はこのような近似値を使って推定する．

ここでの結果を頭に入れておいたほうがいい．つまり，視聴率について，普通に行われている 600 世帯数での視聴率と，全世帯の視聴率との間には，プラスマイナス 4%ぐらいの誤差がありうることを．

つまり，視聴率が 3%上がった，下がったというのは大した意味はなく，標本の選び方による違いの範囲内のことである．

一般論をまとめておこう．標本数 n での比率を $\overline{x} = p'$ とする．母集団の比率 p は，次の信頼度で区間推定できる．

(1) 68%の信頼度の場合

$$p' - \sqrt{\frac{p'(1-p')}{n}} < p < p' + \sqrt{\frac{p'(1-p')}{n}} \tag{23.10}$$

(2) 95%の信頼度の場合

$$p' - 2\sqrt{\frac{p'(1-p')}{n}} < p < p' + 2\sqrt{\frac{p'(1-p')}{n}} \tag{23.11}$$

上の式で，2 をより詳しく 1.96 としてもよい．

(3) 99.7%の信頼度の場合

$$p' - 3\sqrt{\frac{p'(1-p')}{n}} < p < p' + 3\sqrt{\frac{p'(1-p')}{n}} \tag{23.12}$$

(4) 99%の信頼度の場合

$$p' - 2.58\sqrt{\frac{p'(1-p')}{n}} < p < p' + 2.58\sqrt{\frac{p'(1-p')}{n}} \tag{23.13}$$

[例題 1]

1000 人の有権者を対象に，現在の内閣を支持するかしないかをアンケート調査した．結果は，支持する人の比率が，$p' = 36\%$ であった．

有権者全体の内閣支持率を区間推定せよ．ただし，信頼度は，90%，95%，99% のそれぞれについて求めよ．

[解] (1) 標準正規分布表から，両端の確率が 10% になる z の値は，$z = 1.65$ である．一般式に当てはめて次のようになる．

$$p' - 1.65 \times \sqrt{\frac{p'(1-p')}{n}} < p < p' + 1.65 \times \sqrt{\frac{p'(1-p')}{n}} \tag{23.14}$$

$$0.36 - 1.65 \times 0.0151789 < p < 0.36 + 1.65 \times 0.0151789 \tag{23.15}$$

$$0.336321 < p < 0.383679, \ \to \ 0.34 < p < 0.38 \tag{23.16}$$

(2) 両端の確率が 5% になる z の値を，$z = 1.96$ とする (2 でもよい)．一般式に当てはめて次のようになる．

$$p' - 1.96 \times \sqrt{\frac{p'(1-p')}{n}} < p < p' + 1.96 \times \sqrt{\frac{p'(1-p')}{n}} \tag{23.17}$$

$$0.36 - 1.96 \times 0.0151789 < p < 0.36 + 1.96 \times 0.0151789 \tag{23.18}$$

$$0.330249 < p < 0.389751, \ \to \ 0.33 < p < 0.39 \tag{23.19}$$

(3) 両端の確率が 1% になる z の値を，$z = 2.58$ とする．一般式に当てはめて次のようになる．

$$p' - 2.58 \times \sqrt{\frac{p'(1-p')}{n}} < p < p' + 2.58 \times \sqrt{\frac{p'(1-p')}{n}} \tag{23.20}$$

$$0.36 - 2.58 \times 0.0151789 < p < 0.36 + 2.58 \times 0.0151789 \tag{23.21}$$

$$0.320838 < p < 0.399162, \ \to \ 0.32 < p < 0.40 \tag{23.22}$$

23.2 母集団の比率の検定

あるとき総選挙が行われ，民主党の候補者に投票した有権者の割合が，54% であった．1 か月後に，有権者 1000 人に「今総選挙が行われたらどの政党の候補者に投票しますか」と，アンケートをしたところ，50% であった．1 か月間で民主党へ投票する人の比率は下がったと判断できるか，統計的な検定をしてみよう．

全有権者での割合が 54% のとき，1000 人のサンプルでの比率がどの程度ばらつくのかを調べればよい．

95% で成り立つ式は次のようであった．

$$\mathsf{P}\left(0.54 - 2\sqrt{\frac{0.54(1-0.54)}{1000}} < \overline{X} < 0.54 + 2\sqrt{\frac{0.54(1-0.54)}{1000}}\right) = 0.95 \tag{23.23}$$

$$0.508479 < p' < 0.571521 \tag{23.24}$$

この結果と，現に調査した 1000 人の結果 50%を比較すると，50%は，95%の確率で起きる範囲を外れている．したがって，「民主党に投票する比率は変わらない」という仮説は否定されたことになる．

ところが，99%で成り立つ範囲を求めると，

$$\mathsf{P}\left(0.54 - 2\sqrt{\frac{0.54(1-0.54)}{1000}} < \overline{X} < 0.54 + 2\sqrt{\frac{0.54(1-0.54)}{1000}}\right) = 0.95 \tag{23.25}$$

$$0.499337 < p' < 0.580663 \tag{23.26}$$

この結果と，現に調査した 1000 人の結果 50%を比較すると，50%は，99%の確率で起きる範囲に含まれている．したがって，「民主党に投票する比率は変わらない」という仮説は否定されないことになる．

このように，仮説が棄却されるかされないかは，信頼度によって変わってくる．

母集団の比率，母比率 p の検定は，一般に次のようになる．

サンプル数 n のサンプルでの比率 p' が，以下のような信頼区間に入っていなければ母集団の比率が p であるとする仮説は棄却される．

(1) 68%の信頼区間

$$p - \sqrt{\frac{p(1-p)}{n}} < p' < p + \sqrt{\frac{p(1-p)}{n}} \tag{23.27}$$

(2) 95%の信頼区間

$$p - 2\sqrt{\frac{p(1-p)}{n}} < p' < p + 2\sqrt{\frac{p(1-p)}{n}} \tag{23.28}$$

上の式で，2 をより詳しく 1.96 としてもよい．

(3) 99%の信頼区間

$$p - 2.58\sqrt{\frac{p(1-p)}{n}} < p' < p + 2.58\sqrt{\frac{p(1-p)}{n}} \tag{23.29}$$

[例題 2]

生涯未婚率というのは，「50 歳時」の未婚率 (結婚したことがない人の割合) のことである．2005 年の日本の男性の生涯未婚率は 16%であった．この調査は母集団のほぼ全員についての結果であるとする．

2012 年，サンプルとして 1000 人の男性を選んだ調査では 18%であったという．

2012 年の未婚率は 2005 年と同じであるという仮説は棄却されるだろうか，棄却されないだろうか？ 危険率 (1) 10%，(2) 5%で検定せよ．

[解] (1) 危険率が 10%であるから，信頼度は 90%で，信頼区間は次のようになっていた．

$$p - 1.65 \times \sqrt{\frac{p(1-p)}{n}} < p' < p + 1.65 \times \sqrt{\frac{p(1-p)}{n}} \tag{23.30}$$

$p = 0.16$ を代入して計算すると次のようになる．

$$0.140871 < p < 0.179129, \rightarrow 14.1\% < p < 17.9\% \tag{23.31}$$

1000 人のサンプル調査の結果は 18%であり，この信頼区間の外側である．ということは，90%の

信頼度，10%の危険率では2012年の男性の生涯未婚率は2005年と同じであるという仮説は棄却される．

(2) 危険率が5%であるから，信頼度は95%で，信頼区間は次のようになっていた．

$$p - 1.96 \times \sqrt{\frac{p(1-p)}{n}} < p' < p + 1.96 \times \sqrt{\frac{p(1-p)}{n}} \tag{23.32}$$

$p = 0.16$を代入して計算すると次のようになる．

$$0.137278 < p < 0.182722, \rightarrow 13.7\% < p < 18.3\% \tag{23.33}$$

1000人のサンプル調査の結果は18%であり，この信頼区間の内側である．ということは，95%の信頼度，5%の危険率では2012年の男性の生涯未婚率は2005年と同じであるという仮説は棄却されない．

第23章 演習問題

(1) ある政党は独自に，自分の党への支持率がどのくらいか知ろうとアンケート調査した．1000人の有権者を対象に，その党を支持するかしないかをアンケート調査した．結果は，支持する人の比率が，$p' = 23\%$であった．

有権者全体のこの政党への支持率を区間推定せよ．ただし，信頼度は (a) 90%，(b) 95%，(c) 99%のそれぞれについて求めよ．

(2) ある農家では毎年みかんを生産して出荷している．みかんは5つの等級にランクされて出荷される．昨年までは最上級のSSランクに入るみかんは8%であった．

今年のみかん20個をサンプルとして選んで調べたところ，SSのクラスにランクされたのは7%であった．今年はSSランクのみかんの割合が，昨年より少ないと判断してよいだろうか．次の危険率 (a) 10%，(b) 5%で検定せよ．

第24章 相関図(散布図)と相関係数

ここでは 2 次元のデータを扱う．つまり，一人の人が，英語の得点と数学の得点の 2 つを持っているような場合である．

24.1 相関図

1 クラス 20 人のクラス A での，英語の得点と数学の得点が次のようになっていたとしよう．

表 24.1 クラス A の生徒の得点

生徒番号	英語の得点	数学の得点
1	38	38
2	45	44
3	40	35
4	80	77
5	45	51
6	35	37
7	52	48
8	19	21
9	66	71
10	70	68
11	31	41
12	56	41
13	51	62
14	50	35
15	41	33
16	49	33
17	53	53
18	55	61
19	63	73
20	52	41

別の 1 クラス 20 人のクラス B での，英語の得点と数学の得点が次のようになっていたとしよう．

このような数字の羅列だけでは 2 つのクラスの違いなどはわかりにくい．やはり視覚的に図で表すのがよい．

一人一人の英語と数学の得点を 2 次元の平面上の点として図示することを考えよう．英語が 35 点で数学が 48 点ならば，x 座標が 35 で y 座標が 48 の点，P(35, 48) としてこの位置に黒丸を描く．20 人全てについて平面上に点を打つと次のようになる．

クラス A とクラス B では，英語の得点と数学の得点の間に違いがあることがわかるだろう．クラス A では，英語の得点が高い生徒は，比較的にではあるが，数学の得点も高い傾向にある．クラス B ではそのような傾向はほとんど見られない．

上のような図を，**相関図**または，**散布図**という．そして，英語と数学の関係を，**相関**という．

24.2 相関係数

表 24.2 クラス B の生徒の得点

生徒番号	英語の得点	数学の得点
1	29	51
2	58	72
3	51	53
4	41	38
5	64	57
6	69	74
7	42	67
8	49	53
9	46	24
10	43	41
11	25	26
12	49	45
13	71	70
14	32	39
15	60	47
16	47	53
17	56	6
18	43	43
19	37	73
20	59	90

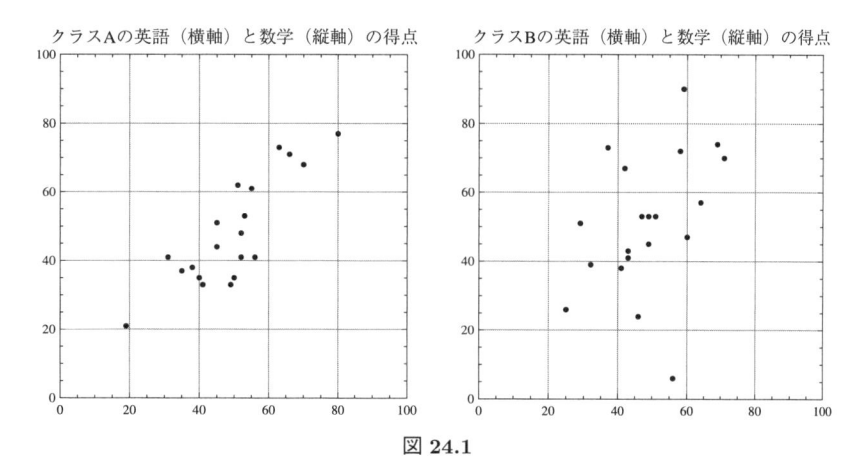

図 24.1

24.2 相関係数

クラス A では英語の点が高いと数学の点も高くなっているように見える．クラス B ではそのような傾向はあるとは言えない．このような関連性の度合いを示すのが**相関係数**である．

この概念と計算方法を説明するのにはデータが少ない，表 24.3 の例で考えよう．

英語の平均点を求めると，2.5 点となり，数学の平均点を求めると 2 点になるが，これらの平均点が基準になるだろう．

この相関図には，平均値を境にして線を引いておいた．右上の部分が英語も数学も平均点を上回った人で，佐藤と田中である．

左上の部分は英語は平均点以下だが数学が平均点以上の人の部分で，小林である．

右下の部分は英語が平均点以上だが数学が平均点以下の人の部分で，工藤がいる．

左下の部分は英語も数学も平均点以下の人で，中野と渡辺である．

表 24.3 英語と数学の得点

生徒名	英語の得点	数学の得点
佐藤	4	4
田中	4	3
工藤	3	1
小林	1	3
渡辺	1	1
中野	2	0

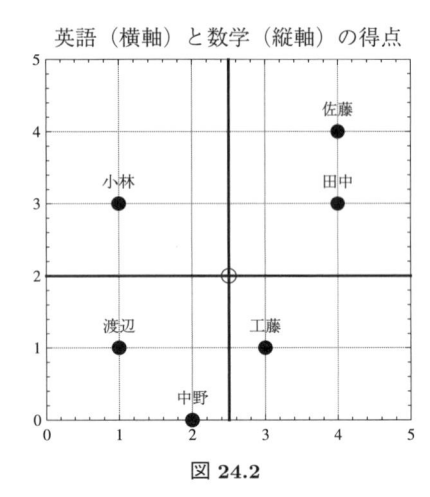

図 24.2

相関図を見ていると，平均値から，英語の得点と数学の得点がともに離れていると相関があると言えよう，ということで，得点と平均値の差を，英語と数学で求めて積を計算する．図形的には長方形の面積であるが，右上の部分は次の2人である．

$$佐藤 \quad : (4-2.5) \times (4-2) = 3 \tag{24.1}$$

$$田中 \quad : (4-2.5) \times (3-2) = 1.5 \tag{24.2}$$

左下の部分の二人についても英語と数学の点には相関があると言えよう．得点から平均値を引くと，英語も数学もともにマイナスの数になるので，かけてプラスになるので，ちょうどいいと考えられる．この部分には中野と渡辺がいる．

$$中野 \quad : (2-2.5) \times (0-2) = 1 \tag{24.3}$$

$$渡辺 \quad : (1-2.5) \times (1-2) = 1.5 \tag{24.4}$$

これら2つの領域に対し，右下と左上は，相関が少ない作用をする．この部分で，(英語の得点 − 英語の平均点) × (数学の得点 − 数学の平均値) を計算すると，プラスとマイナスの積になり，マイナスの値になるので，単純に加えることで，相関の程度を表す数値を小さくする効果がある．

$$工藤 \quad : (3-2.5) \times (1-2) = -0.5 \tag{24.5}$$

$$小林 \quad : (1-2.5) \times (3-2) = -1.5 \tag{24.6}$$

以上のような考察から，全ての人について，(英語の得点 − 英語の平均点) × (数学の得点 − 数

24.2 相関係数

学の平均値) を求めて加えればよい．

$$(4-2.5) \times (4-2) + (1-2.5) \times (1-2) + (2-2.5) \times (0-2)$$
$$+ (1-2.5) \times (1-2) + (3-2.5) \times (1-2) + (1-2.5) \times (3-2) = 5 \tag{24.7}$$

ところで，満点が 100 点だったりすると，その場合の方が値は大きくなってしまい，相関が強いから大きな値になるというわけにはいかなくなってしまう．一般に通用するためには，相対的な値にしなければならない．

単なる度数から相対度数を導いたように，全体のデータの大きさで割って，相対化しなければならない．

そのための数値としては，

$$\sqrt{\overline{(英語の得点 - 英語の平均値)^2の和}} \times \sqrt{\overline{(数学の得点 - 数学の平均値)^2の和}} \tag{24.8}$$

を使う．

この値は，上の例では次のようになる．

$$\sqrt{(4-2.5)^2 + (4-2.5)^2 + (3-2.5)^2 + (2-2.5)^2 + (1-2.5)^2 + (1-2.5)^2}$$
$$\times \sqrt{(4-2)^2 + (3-2)^2 + (3-2)^2 + (1-2)^2 + (1-2)^2 + (0-2)^2}$$
$$= 3.08221 \times 3.4641 = 10.6771 \tag{24.9}$$

式 (式番) をこの値で割った数値 r を，**相関係数**という．

$$r = \frac{(英語の得点 - 英語の平均点) \times (数学の得点 - 数学の平均値の和)}{\sqrt{(英語の得点 - 英語の平均値)^2の和} \times \sqrt{(数学の得点 - 数学の平均値)^2の和}}$$
$$= \frac{5}{10.6771} = 0.468293 \tag{24.10}$$

一般に，2 つの値が組になって，(x_k, y_k) として，n 個あったとき，x_k の平均値を $\overline{x}$，y_k の平均値を $\overline{y}$ とする．この時の変数 x と y の相関係数 r は次の式で表せる．

$$r = \frac{\sum_{k=1}^{n}(x_k - \overline{x})(y_k - \overline{y})}{\sqrt{\sum_{k=1}^{n}(x_k - \overline{x})^2}\sqrt{\sum_{k=1}^{n}(y_k - \overline{y})^2}} \tag{24.11}$$

ところで，分母に出てくる，$\sqrt{\sum_{k=1}^{n}(x_k - \overline{x})^2}$ はどこかで見た式である．これを $\sqrt{n}$ で割ったのが x の標準偏差であった．

$$\sigma_x = \sqrt{\frac{\sum_{k=1}^{n}(x_k - \overline{x})^2}{n}} \tag{24.12}$$

$$\sigma_y = \sqrt{\frac{\sum_{k=1}^{n}(y_k - \overline{y})^2}{n}} \tag{24.13}$$

同様に，相関係数の分子を n で割った値は，x と y の，共分散と呼ばれる．

$$\sigma_{xy} = \frac{\sum_{k=1}^{n}(x_k - \overline{x})(y_k - \overline{y})}{n} \tag{24.14}$$

これらを使うと，相関係数は次のようにも表せる．

$$r = \frac{\sigma_{xy}}{\sigma_x \sigma_y} \tag{24.15}$$

一般に，相関係数 r は，-1 と $+1$ の間の値となる．この性質は上の一般式から証明できるが，ここでは省略しておく．

r の値が 1 に近いほど相関が強く，0 に近いと相関がない．マイナスの時は，負の相関になり，-1 に近いと，負の強い相関がある．相関係数の違いを相関図で見ると次の図のようになっている．

相関係数の値から，次のように表現することもあるが，この図を頭に入れておいたほうがよい．

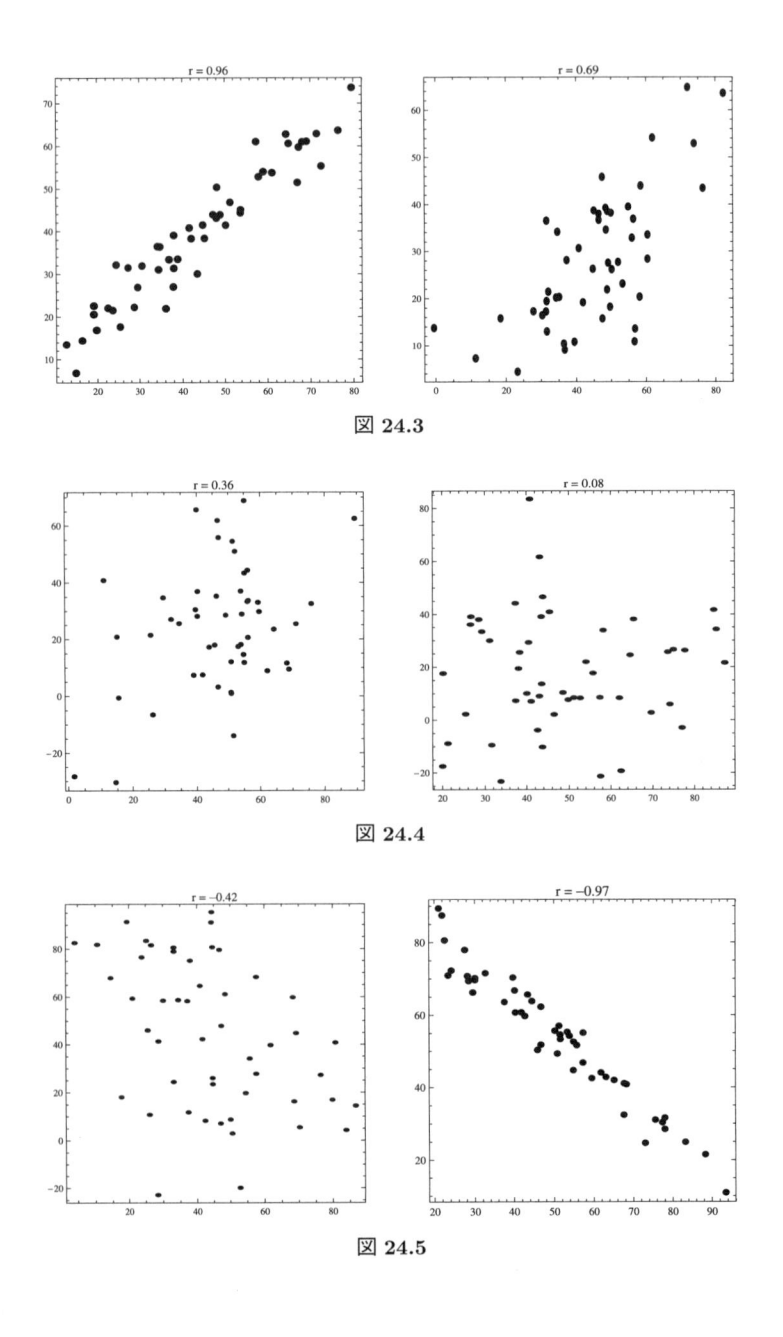

図 24.3

図 24.4

図 24.5

表 24.4 相関係数と相関の程度の表現数学の得点

相関係数	相関の程度の表現
$0.0 \sim \pm 0.2$	ほとんど相関がない
$\pm 0.2 \sim \pm 0.4$	やや相関がある
$\pm 0.4 \sim \pm 0.7$	相関がある
$\pm 0.7 \sim \pm 0.9$	強い相関がある
$\pm 0.9 \sim \pm 1.0$	きわめて強い相関がある

第24章 演習問題

次の表は，5人の大学生が，2種類の英語の検定試験 A と B を受けた結果である．

表 24.5 5人の，2種類の英語の検定試験の結果

学生名	検定試験 A の得点	検定試験 B の得点
高橋	56	73
鈴木	64	78
斎藤	73	80
近藤	34	50
曽根	48	80

(1) 検定試験 A，B での5人の平均点をそれぞれ求めよ．
(2) 検定試験 A，B での5人の分散をそれぞれ求めよ．
(3) 検定試験 A，B での5人の標準偏差をそれぞれ求めよ．
(4) 5人の検定試験 A，B での得点の共分散を求めよ．
(5) 5人の検定試験 A，B での得点を，相関図 (散布図) で表せ．
(6) 5人の検定試験 A，B での得点の相関係数を求めよ．

第25章　回帰分析と回帰直線

25.1 線形回帰

ところで，2つの変量に強い相関がある場合，一方を知って他方のおよその値を知るために，散布図にひとつの直線を引くことを考えよう．これを**線形回帰**という．

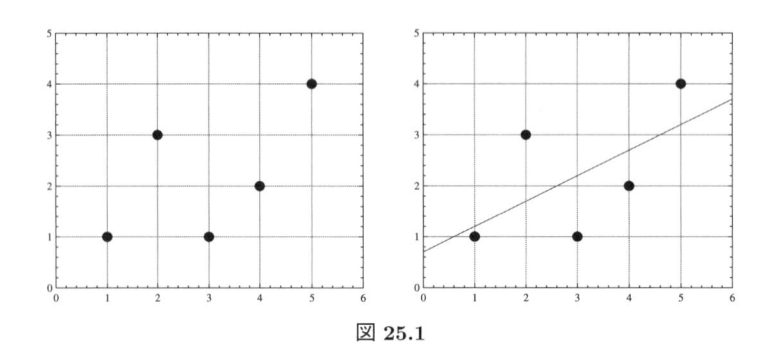

図 25.1

なるべくデータに合致するように直線を引くにはどうしたらよいだろうか．

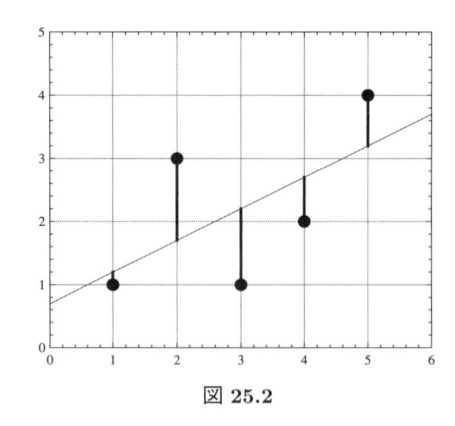

図 25.2

図のような，同じ x の値に対し，(データの y 値 − 直線上の y 値)^2 の和を考えて，その和が最小になるようにする方法が，**最小 2 乗法**と呼ばれる方法である．

上の例で考えてみよう．求めたい直線の式を，傾き a と y 切片 b を使って，次のように表せたとするのである．

$$y = f(x) = ax + b \tag{25.1}$$

(直線上の y 値 − データの y 値)^2 の和 s は次のようになる．

$$s = (f(1) - 1)^2 + (f(2) - 3)^2 + (f(3) - 1)^2 + (f(4) - 2)^2 + (f(5) - 4)^2$$

$$= (a+b-1)^2 + (2a+b-3)^2 + (3a+b-1)^2 + (4a+b-2)^2 + (5a+b-4)^2$$
$$= 31 - 76a + 55a^2 - 22b + 30ab + 5b^2$$

a と b を変化させて s を最小にするには，微積分で学んだことを活用し，s を a と b で偏微分して 0 となるような a と b を求める．

$$\begin{cases} \frac{\partial s}{\partial a} = -76 + 110a + 30b = 0 \\ \frac{\partial s}{\partial b} = -22 + 30a + 10b = 0 \end{cases} \tag{25.2}$$

この連立方程式を解くと，$a = 0.5$，$b = 0.7$ が得られる．

これらの計算から，直線，$y = f(x) = 0.5x + 0.7$ が，このデータを一番良く直線近似することになる．

この直線のことを，「y を x で表す，回帰直線」という．

25.2 回帰直線

回帰直線の一般式を求めておこう．データを，$(x_1, y_1), (x_2, y_2), \cdots, (x_n, y_n)$ とする．

x の平均値を $\overline{x}$，y の平均値を $\overline{y}$ とおく．求める回帰直線を，$y = f(x) = ax + b$ とおく．

$$s = \sum_{k=1}^{n} (f(x_k) - y_k)^2 = \sum_{k=1}^{n} (ax_k + b - y_k)^2$$

$$\begin{cases} \frac{\partial s}{\partial a} = \sum_{k=1}^{n} 2(ax_k + b - y_k)x_k = 2\left(\sum_{k=1}^{n} x_k^2\right)a + 2\left(\sum_{k=1}^{n} x_k\right)b - 2\sum_{k=1}^{n} x_k y_k = 0 \\ \frac{\partial s}{\partial b} = \sum_{k=1}^{n} 2(ax_k + b - y_k) = 2\left(\sum_{k=1}^{n} x_k\right)a + 2nb - 2\sum_{k=1}^{n} y_k = 0 \end{cases}$$

$$\begin{cases} n\left(\frac{\sum_{k=1}^{n} x_k^2}{n}a + \overline{x}b - \frac{\sum_{k=1}^{n} x_k y_k}{n}\right) = 0 \\ n(\overline{x}a + b - \overline{y}) = 0 \end{cases}$$

$b = \overline{y} - \overline{x}a$ を代入し，

$$\begin{cases} n\left(\frac{\sum_{k=1}^{n} x_k^2}{n}a + \overline{x}(\overline{y} - a\overline{x}) - \frac{\sum_{k=1}^{n} x_k y_k}{n}\right) = 0 \\ 0 \end{cases}$$

より，$b = \overline{y} - \overline{x}a$

$$\begin{cases} n(\sigma_x^2 a - \sigma_{xy}) = 0 \\ b = \overline{y} - \overline{x}a \end{cases} \tag{25.3}$$

以上より，次のように直線 $y = ax + b$ の a と b が求められる．

$$a = \frac{\sigma_{xy}}{\sigma_x^2}, \qquad b = \overline{y} - \overline{x}a = \overline{y} - \frac{\sigma_{xy}}{\sigma_x^2}\overline{x} \tag{25.4}$$

回帰直線の式は次のように表したほうがわかりやすいかもしれない．

$$y - \overline{y} = \frac{\sigma_{xy}}{\sigma_x^2}(x - \overline{x}) \tag{25.5}$$

点 $(\overline{x}, \overline{y})$ を通り，傾きが $\frac{\sigma_{xy}}{\sigma_x^2}$ の直線というわけである．

[例題 1]
ある 5 人のゼミ生の基礎学力調査をした結果，次のようになった．

表 25.1 ゼミ生の基礎学力調査

学生名	英語の得点	国語の得点
小沢	5	4
野田	3	4
岡田	3	1
石原	2	2
田中	1	0

(1) 人の英語の得点 x と国語の得点 y の関係を，散布図 (相関図) で示せ．
(2) x の平均値 $\overline{x}$ と，y の平均値 $\overline{y}$ を求めよ．
(3) x の分散 $v_x = \sigma_x^2$ と，標準偏差 σ_x を求めよ．
(4) y の分散 $v_y = \sigma_y^2$ と，標準偏差 σ_y を求めよ．
(5) x と y の共分散 σ_{xy} を求めよ．
(6) x と y の相関係数を求めよ．
(7) y を x で表す，回帰直線 $y = ax + b$ の傾き a を求めよ．
(8) 回帰直線 $y = ax + b$ の y 切片 b を求めよ．
(9) 回帰直線を求め，はじめの散布図に図示せよ．

[解] (1)

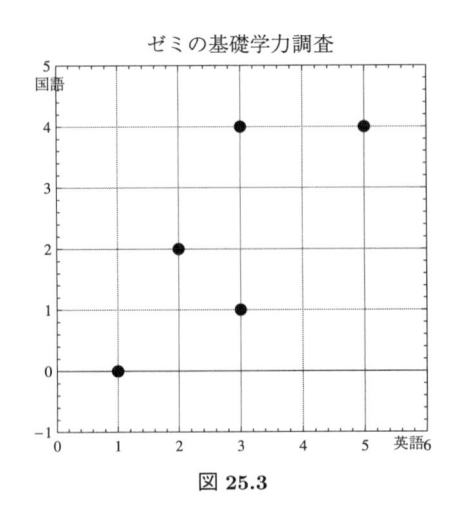

図 25.3

(2) $\overline{x} = \frac{1+2+3+3+5}{5} = 2.8$, $\overline{y} = \frac{0+1+2+4+4}{5} = 2.2$

(3)
$v_x = \frac{(1-2.8)^2+(2-2.8)^2+(3-2.8)^2+(3-2.8)^2+(5-2.8)^2}{5} = 1.76$, $\sigma_x = \sqrt{v_x} = \sqrt{1.76} = 1.32665$

(4)
$v_y = \frac{(0-2.2)^2+(2-2.2)^2+(1-2.2)^2+(4-2.2)^2+(4-2.2)^2}{5} = 2.56$
$\sigma_y = \sqrt{v_y} = \sqrt{2.56} = 1.6$

(5) $\sigma_{xy} = \frac{(1-2.8)(0-2.2)+(2-2.8)(2-2.2)+(3-2.8)(1-2.2)+(3-2.8)(4-2.2)(5-2.8)(4-2.2)}{5} = 1.64$

(6) $r = \frac{\sigma_{xy}}{\sigma_x \sigma_y} = \frac{1.64}{1.32665 \times 1.6} = 0.772623$

(7) $a = \frac{\sigma_{xy}}{\sigma_x^2} = \frac{1.64}{1.76} = 0.931818 \fallingdotseq 0.93$

(8) $b = \overline{y} - \frac{\sigma_{xy}}{\sigma_x^2}\overline{x} = 2.2 - \frac{1.64}{1.76} \times 2.8 = -0.409091 \fallingdotseq -0.41$

(9) $y = 0.93x - 0.41$

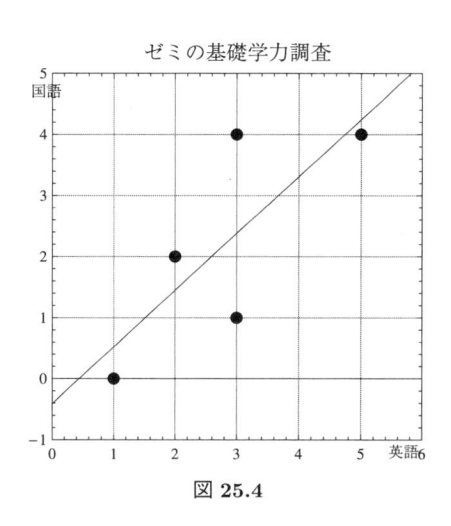

図 25.4 ゼミの基礎学力調査

第25章　演習問題

ある5人のゼミ生に対し，2種類の就職試験の練習問題をした結果，次のようになった．

表 25.2　ゼミ生の就職試験の練習問題の得点

学生名	就職試験 A の得点	就職試験 B の得点
小口	5	1
福原	4	5
亀井	4	3
市川	2	5
荻野	2	2

(1) 5人の就職試験 A の得点 x と就職試験 B の得点 y の関係を，散布図 (相関図) で示せ．

(2) x の平均値 $\overline{x}$ と，y の平均値 $\overline{y}$ を求めよ．

(3) x の分散 $v_x = \sigma_x^2$ と，標準偏差 σ_x を求めよ．

(4) y の分散 $v_y = \sigma_y^2$ と，標準偏差 σ_y を求めよ．

(5) x と y の共分散 σ_{xy} を求めよ．

(6) x と y の相関係数を求めよ．

(7) y を x で表す，回帰直線 $y = ax + b$ の傾き a を求めよ．

(8) 回帰直線 $y = ax + b$ の y 切片 b を求めよ．

(9) 回帰直線を求め，はじめの散布図に図示せよ．

索　引

■ 欧数字

25 パーセンタイル　92
75 パーセンタイル　92
t 分布　107

■ ア行

アストラガルス　14

円順列　11

■ カ行

回帰直線　129
回帰分析　128
確率　13, 26
　　——の公理　17
　　——の和の法則　28
確率空間　17, 27
確率事象　17
確率変数　51
　　——の分散　56
　　——の和　54
確率変数 X と Y は独立である　55
確率密度関数　68
可能性を表す量　26

危険率　112
帰無仮説　112
客観確率　26

偶然現象　13
偶然的な現象　13
区間推定　103
組み合わせの数　7

検定　112

コルモゴロフ　17
根元事象　17

■ サ行

最小 2 乗法　128
最頻値　88
散布図　122

事後確率　38
事象　17, 26
　　——の集合族　26
　　——の独立　34
事前確率　38
集合体　17, 26
自由度　107
主観確率　26
じゅずの順列　12
順列の個数　4
条件付き確率　32
信頼区間　104

正規分布　79
斉次積　10
線形回帰　128

相関　122
相関係数　125
相関図　122
相対頻度の安定性　19

■ タ行

第一四分点　92
第一種の過誤　112
第三四分点　92
大数の強法則　21, 76
大数の弱法則　20, 75
大数の法則　75
第二種の過誤　113
多数回の試行　41

中央値　92
柱状グラフ　84
中心極限定理　79
重複組み合わせ　9
重複順列　9

点推定　103

統計的検定　112
独立　34
度数分布表　83
ドモアブル・ラプラスの (中心極限) 定理　80

■ ナ行

二項分布　44
二項分布の期待値　61
二項分布の相対頻度　75
二項分布の分散　61

ネピアの数　64

■ ハ行

場合の数の積の法則　2
場合の数の和の法則　1
箱ひげ図　93
パスカル　15
パチョーリ　15

ヒストグラム　84
必然的な現象　13
非復元抽出　31
標準正規分布　69
標準偏差　56, 58, 61
標本　97
標本空間　17, 26
標本分散　100

フェルマー　15
不偏分散　101
分散　95

平均偏差　58, 95
ベイズの定理　38

ポアソン分布　63
母集団　97
　　——の比率　117

■ マ行

モード　88
モンティ・ホールの問題　48

■ ヤ行

有意水準　112

予測の量　26

索　　引

累積度数分布表　84

■ ラ行

ラプラス　16

著者略歴

小林 道正（こばやし みちまさ）

1942年　長野県に生まれる
1966年　京都大学理学部数学科卒業
1968年　東京教育大学大学院修士課程修了
現　在　中央大学経済学部教授
　　　　数学教育協議会委員長

〈主な著書〉

『Mathematica による微積分』朝倉書店，1995．
『Mathematica による線形代数』朝倉書店，1996．
『Mathematica によるミクロ経済学』東洋経済新報社，1996．
『Mathematica による関数グラフィックス』森北出版，1997．
『「数学的発想」勉強法』実業之日本社，1997．
『Mathematica 微分方程式』朝倉書店，1998．
『数学ぎらいに効くクスリ』数研出版，2000．
『Mathematica 確率』朝倉書店，2000．
『グラフィカル数学ハンドブックⅠ』朝倉書店，2000．
『3日でわかる確率・統計』ダイヤモンド社，2002．
『ブラック・ショールズと確率微分方程式』朝倉書店，2003．
『よくわかる微分積分の基本と仕組み』秀和システム，2005．
『よくわかる線形代数の基本と仕組み』秀和システム，2005．
『カンタンにできる数学脳トレ！』実業之日本社，2007．
『知識ゼロからの微分積分入門』幻冬舎，2011．
『基礎からわかる数学 1. はじめての微分積分』朝倉書店，2012．
『基礎からわかる数学 2. はじめての線形代数』朝倉書店，2012．

基礎からわかる数学 3
はじめての確率・統計　　　　　　　　　　定価はカバーに表示

2012年11月10日　初版第1刷

　　　　　　　　　　　　　　著　者　小　林　道　正
　　　　　　　　　　　　　　発行者　朝　倉　邦　造
　　　　　　　　　　　　　　発行所　株式会社　朝　倉　書　店
　　　　　　　　　　　　　　　　　　東京都新宿区新小川町 6-29
　　　　　　　　　　　　　　　　　　郵便番号　162-8707
　　　　　　　　　　　　　　　　　　電　話　03(3260)0141
　　　　　　　　　　　　　　　　　　FAX　03(3260)0180
〈検印省略〉　　　　　　　　　　　　　　 http://www.asakura.co.jp

Ⓒ 2012〈無断複写・転載を禁ず〉　　　　　　中央印刷・渡辺製本
ISBN 978-4-254-11549-9　C 3341　　　　　　Printed in Japan

JCOPY　＜(社)出版者著作権管理機構　委託出版物＞
本書の無断複写は著作権法上での例外を除き禁じられています．複写される場合は，そのつど事前に，(社)出版者著作権管理機構（電話 03-3513-6969，FAX 03-3513-6979，e-mail: info@jcopy.or.jp）の許諾を得てください．

中央大 小林道正著
基礎からわかる数学1
はじめての微分積分
11547-5 C3341　　　　B5判 144頁 本体2400円

数学はいまや，文系・理系を問わず，仕事や研究に必要とされている。「数学」にはじめて正面から取り組む学生のために，「数とは」「量とは」から，1変数の微積分，多変数の微積分へと自然にステップアップできるようやさしく解説した。

中大 小林道正著
基礎からわかる数学2
はじめての線形代数
11548-2 C3341　　　　B5判 160頁 本体2400円

「ベクトルって何？」から始め，実際の研究や調査に使うことができる行列の演算までステップアップしていくことを目指したテキスト。文系，理系を問わず，数学を仕事や研究に日常的で便利なツールとして習得したい人に最適。

中大 小林道正著
$Mathematica$による微積分
11069-2 C3041　　　　B5判 216頁 本体3000円

証明の詳細よりも，概念の説明と$Mathematica$の活用方法に重点を置いた。理工系のみならず文系にも好適。〔内容〕関数とそのグラフ／微分の基礎概念／整関数の導関数／極大・極小／接線と曲線の凹凸／指数関数とその導関数／他

中大 小林道正著
$Mathematica$による線形代数
11070-8 C3041　　　　B5判 216頁 本体3300円

線形代数における$Mathematica$の活用方法を，理工系の人にも十分役立つと同時に文科系の人にもわかりやすいよう工夫して解説。〔内容〕ベクトル／ベクトルの内積／ベクトルと図形／行列とその演算／線形変換／交代積と行列式／逆行列／他

中大 小林道正・東大 小林 研著
LaTeX で数学を
—LaTeX2ε＋AMS-LaTeX入門—
11075-3 C3041　　　　A5判 256頁 本体3700円

LaTeX2εを使って数学の文書を作成するための具体例豊富で実用的なわかりやすい入門書。〔内容〕文書の書き方／環境／数式記号／数式の書き方／フォント／AMSの環境／図版の取り入れ方／表の作り方／適用例／英文論文例／マクロ命令

中大 小林道正著
$Mathematica$ 数学 1
$Mathematica$ 微分方程式
11521-5 C3341　　　　A5判 256頁 本体4300円

数学ソフトMathematicaにより，グラフ・アニメーション・数値解等を駆使し，微分方程式の意味を明快に解説〔内容〕1階・2階の常微分方程式／連立／級数解／波動方程式／熱伝導方程式／ラプラス方程式／ポアソン方程式／KdV方程式／他

中大 小林道正著
$Mathematica$ 数学 2
$Mathematica$ 確率
—基礎から確率微分方程式まで—
11522-2 C3341　　　　A5判 256頁 本体3800円

さまざまな偶然的・確率的現象に関する理論を，実際に試行を繰り返すことによって理解を図る。〔内容〕偶然現象／確率空間／ベイズの定理／確率変数／ポアソン分布／中心極限定理／確率過程／マルコフ連鎖／伊藤の公式／確率微分方程式／他

中大 小林道正著
ファイナンス数学基礎講座1
ファイナンス数学の基礎
29521-4 C3350　　　　A5判 176頁 本体2900円

ファイナンスの実際問題から題材を選び，難しそうに見える概念を図やグラフを多用し，初心者にわかるように解説。〔内容〕金利と将来価値／複数のキャッシュフローの将来価値・現在価値／複利計算の応用／収益率の数学／株価指標の数学

中大 小林道正著
ファイナンス数学基礎講座5
デリバティブと確率
—2項モデルからブラック・ショールズへ—
29525-2 C3350　　　　A5判 168頁 本体2900円

オプションの概念と数理を理解するのによい教材である2項モデルを使い，その数学的なしくみを平易に解説。〔内容〕1期間モデルによるオプションの価格／多期間2項モデル／多期間2項モデルからブラック・ショールズ式へ／数学のまとめ

中大 小林道正著
ファイナンス数学基礎講座6
ブラック・ショールズと確率微分方程式
29526-9 C3350　　　　A5判 192頁 本体2900円

株価のように一見でたらめな振る舞いをする現象の動きを捉え，価値を測る確率微分方程式を解説〔内容〕株価の変動とブラウン運動／ランダム・ウォーク／確率積分／伊藤の公式／確率微分方程式／オプションとブラック・ショールズモデル／他

中大 小林道正著
グラフィカル 数学ハンドブックⅠ（普及版）
—基礎・解析・確率編— 〔CD-ROM付〕
11114-9 C3041　　　　A5判 600頁 本体12000円

コンピュータを活用して，数学のすべてを実体験しながら理解できる新時代のハンドブック。面倒な計算や，グラフ・図の作成も付録のCD-ROMで簡単にできる。Ⅰ巻では基礎，解析，確率を解説〔内容〕数と式／関数とグラフ（整・分数・無理・三角・指数・対数関数）／行列と1次変換（ベクトル／行列／行列式／方程式／逆行列／基底／階数／固有値／2次形式）／1変数の微積分（数列／無限級数／導関数／微分／積分）／多変数の微積分／微分方程式／ベクトル解析／他

上記価格（税別）は2012年10月現在